你也能懂的经济学

——儿童财商养成故事④

森林市场大危机

肖叶/主编　龚思铭/著
郑洪杰 于春华/绘

人民文学出版社　天天出版社

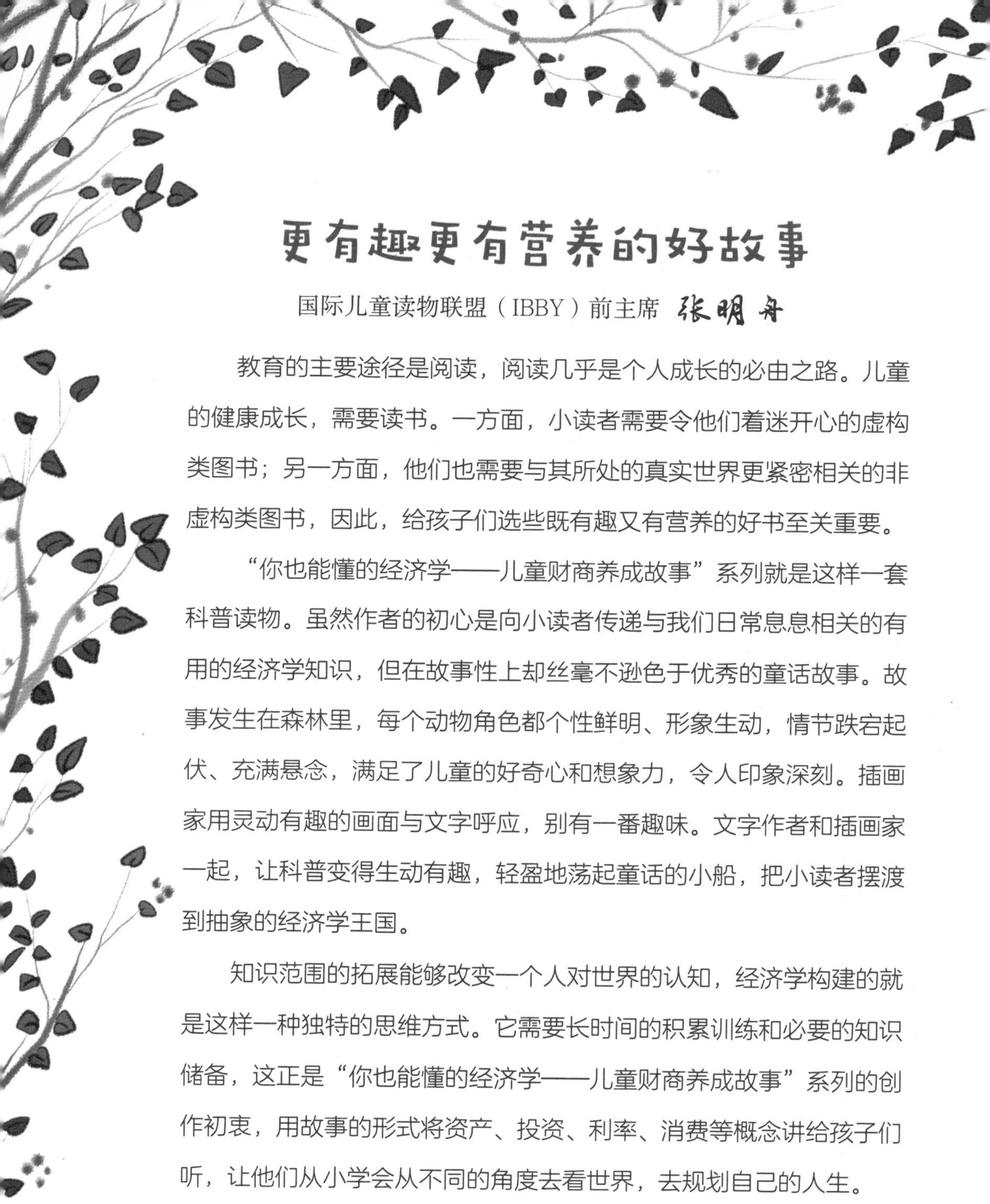

更有趣更有营养的好故事

国际儿童读物联盟（IBBY）前主席 张明舟

教育的主要途径是阅读，阅读几乎是个人成长的必由之路。儿童的健康成长，需要读书。一方面，小读者需要令他们着迷开心的虚构类图书；另一方面，他们也需要与其所处的真实世界更紧密相关的非虚构类图书，因此，给孩子们选些既有趣又有营养的好书至关重要。

“你也能懂的经济学——儿童财商养成故事”系列就是这样一套科普读物。虽然作者的初心是向小读者传递与我们日常息息相关的有用的经济学知识，但在故事性上却丝毫不逊色于优秀的童话故事。故事发生在森林里，每个动物角色都个性鲜明、形象生动，情节跌宕起伏、充满悬念，满足了儿童的好奇心和想象力，令人印象深刻。插画家用灵动有趣的画面与文字呼应，别有一番趣味。文字作者和插画家一起，让科普变得生动有趣，轻盈地荡起童话的小船，把小读者摆渡到抽象的经济学王国。

知识范围的拓展能够改变一个人对世界的认知，经济学构建的就是这样一种独特的思维方式。它需要长时间的积累训练和必要的知识储备，这正是“你也能懂的经济学——儿童财商养成故事”系列的创作初衷，用故事的形式将资产、投资、利率、消费等概念讲给孩子们听，让他们从小学会从不同的角度去看世界，去规划自己的人生。

当今世界，一个人是否懂得理财，懂得做决策，懂得合理安排自己的资产，对其生活的影响是大而深远的，然而“财商”的培养需要一步步的知识积淀。经济学繁杂的原理和公式推导常令人眼花缭乱，阻挡了小读者探索的脚步。“你也能懂的经济学——儿童财商养成故事”系列巧妙地将经济学概念和原理用日常生活的语言解读出来，即便小学生也能立刻明白。比如资源稀缺性、供给需求与价格的关系等概念，用“物以稀为贵”这样的俗语一点就通；再如，以效用原理来解释时尚潮流，建议小读者用独立思考来代替盲目跟从，专注自己的感受，从而避免受时尚潮流的负面影响等。本书包含的知识不仅清晰易懂而且很实用。每个故事结束后，还以“经济学思维方式”（“小贴士”和“问答解密卡”）告诉小读者在日常生活中如何应用经济学知识来思考和解决问题。

优秀的儿童文学，必定能深入浅出，举重若轻，使读者在获取知识的同时，提高独立思考与辩证思维能力。“你也能懂的经济学——儿童财商养成故事”系列正是这样一套优秀的儿童科普文学作品。它寓教于乐，是科普与文学巧妙结合的典范，值得向全国乃至全球的小读者们推荐。

前言

孩子们的好奇心和求知欲表现在方方面面，他们既想了解宇宙和恐龙，也想知道家庭为什么要储蓄、商家为什么会打折、国家为什么要“宏观调控”。而这些经济学所研究的问题既不像量子物理一般高深莫测，也不像形而上学那样远离生活。只要带着求知心稍稍了解一些经济学常识，许多疑惑就可以迎刃而解。

除了生活中必要的常识，经济学还提供了一种思维方式，让我们以新的视角去观察世界。生活中面临的许多“值不值得”“应不应该”，完全可以简化为经济学问题，无非就是在成本与收益、风险与回报等各种因素之间权衡。当然，生活是如此的复杂，远非经济学一个学科能够解释和覆盖，但是对未知领域的探究心和求知欲，特别是学会如何学习、怎样寻找答案，是比知识本身更加重要的能力，也正是这套丛书想要告诉小读者的。

人的认知有多深，世界就有多大。知识越丰富，人生体验也就越精彩。希望本套丛书所介绍的知识能为小读者提供一个全新的视角，有助于大家以更开阔的眼光去观察我们的社会、了解人类的历史和现在。同时也希望本套丛书能打开一扇门，引领小读者进入社会科学的广阔世界。

作者

认识森林居民

松鼠京宝

号称“树上飞”，掌管着冰雪森林便利店“鼠来宝”的账目。聪明勇敢，踏实可靠，与白鼠 357、刺猬扎克极为要好。

白鼠 357

在超级老鼠（Ultra Mouse）计划中编号为 UM357 的实验鼠；从科学实验室出逃来到冰雪森林，创立了名为“鼠来宝”的便利店。

刺猬扎克

鼠来宝众多奇妙商品的发明者，常在梦游状态，迷迷糊糊。

猕猴猴顶天

山海森林颇具威望的猕猴家族“老大”，他的真实身份是……？

竹鼠茅茅

猴顶天的秘书，长着可爱的圆脸，总是笑眯眯的，看起来热情友好。

熊猫修竹君

茅茅口中的“臭脸熊猫”，据说有很严重的洁癖。本名修竹，因熊猫家族的“君子”做派被冠以花名“修竹君”。

驴子岁福

立志成为战驴的村驴，为修炼武艺从乡村来到山海森林。

狼招财、狼进宝

金无敌狼保镖队伍的两只领头狼。

怪异鸟

来自传说中拥有神秘黑科技的怪异岛。

目录

根据太阳升起的时间，京宝判断家乡冰雪森林应该进入夏季了。而他所在的山海森林地势稍高，气温也上升得慢些，所以京宝刚刚才脱掉最后一层绒毛。

清晨，他来到猕猴家族的小瀑布边。流水激起的水雾将阳光变成一弯彩虹。他跳进水潭洗了个澡，上岸后用力一抖，毛发干了大半，水汽蒸发带来的凉爽让他感到舒服。

在遇见熊猫修竹君以前，京宝从未关注过自己的外表。他将尾巴拉到胸前仔细观察，嗯，尾骨有力、毛发浓密，的确挺漂亮的。于是他学着修竹君的样子，用手绢擦干身体，梳理毛发，然后对着池塘中浮动的倒影摆了几个颇显威风的造型。

“哈哈哈……”

身后传来一阵笑声，像二重唱。357 和扎克从草丛里跳了出来。

“这个姿势不错！”扎克学着京宝的样子，握着拳头展示手臂上的肌肉。

京宝有些害羞地甩甩尾巴：“你们也起得这样早呀……”

357 笑道：“扎克说他一直在思考问题，所以翻来覆去睡不着。”

京宝问：“什么问题？”

扎克笑着舔舔嘴唇：“我在想……新鲜的猕猴桃究竟是什么味道的。”

357和京宝相视而笑，扎克哪是因为思考问题睡不着，分明是被肚子里的馋虫叫醒了。

也难怪扎克好奇，他们到达山海森林时正是暮春时节，猕猴桃树刚刚发芽。这段时间里，357忙着研究猴老爹留下的笔记，京宝跟着猴顶天和修竹君学财务，扎克则在猴飞天的食品研究所里搞发明。忙碌中感觉时间过了很久，哪知细算起来不过才入盛夏，要想品尝新鲜的猕猴桃，还得等两三个月哩！

“再住一段时间，迟早能吃到！”他们身后传来猴顶天的声音，“今早茅茅告诉我，他花费五年时间培育的新品种猕猴桃已经长出果子来了，我带你们去看看，怎么样？”

三个小家伙齐声问：“茅茅？”

“没错。茅茅是森林里最棒的果树专家，猕猴桃能从无人问津的野果变成山海森林的珍宝，正是因为有茅茅。他不仅让猕猴桃能在果园里种植，还不断培育新品种。你们也知道，我老爹爹专心搞‘科技革命’，要不是有茅茅和修竹君帮我，猕猴公司早就破产了。”

357、京宝和扎克瞪大了眼睛：没想到茅茅这么厉害，真是深藏不露！这段时间他们对茅茅的印象如过山车般起起落落，可见不光人不可貌相，竹鼠也是这样。

果园离小瀑布有些距离，不过他们一路说说笑笑，并不觉得辛苦。

“咦，大白天的，金无敌也要点灯吗？”扎克一手遮起越来越强烈的阳光，一手指着远处的天空。

扎克这样一问，大家才注意到远方的天空悬着一个巧克力色的不明飞行物。正如扎克所说，这个不明飞行物的下方投射出一束光柱，像一盏灯一样，在白天依然清晰可见。由于那“灯”飞得很高，距离也远，一时间分不清是

在金无敌的半山别墅上方还是在果园深处。

“落下来了！”京宝叫道。

“快过去瞧瞧！”357 话音未落，大家已加快脚步向果园跑去。

果园里，茅茅果然在教猕猴们如何照顾新品种的猕猴桃树：“一定要松土，树根需要氧气。气温越来越高了，蒸腾作用会消耗更多的水分，水量要比春天多一些……”

看见猴顶天他们，茅茅很开心地跑来打招呼：“这是培育了五年的新品种——无籽猕猴桃，我给它命名为‘碧玉’。今年第一次结果，等着尝鲜吧！”茅茅十分得意地指着枝条上刚刚结出的小果子，“长好了，估计得有京宝这么大！”他用手比画着，“而且会比别的品种更甜，口感更好！”

茅茅，果园有没有什么异常？刚才我们发现一个巧克力色的不明飞行物，似乎就在果园深处。

异常？
就是那个……
咦，难道是幻觉？

不是幻觉！
我也看见了，就
在那个方向！
好像已经落
下来了，咱们过
去看看吧！

咱们过去瞧瞧，今
年的几个新品种都是第
一次结果，可别有谁等
不及要先来品尝了！

357他们跑到树下，这是他们第一次见到传说中的猕猴桃。虽然果子还小，但毛茸茸的玲珑翠果甚是可爱。

茅茅和猕猴们一直在猕猴桃树下忙碌着，猕猴桃树的枝叶密密地搭在支架上，树下一片阴凉，谁也没注意到天空飘过些什么。

猕猴家族的果园不仅面积很大，管理也十分完善。这都归功于茅茅的巧妙安排——根据果树对光照和水分的要求，巧妙地利用山体自然的走势分区

种植。如此一来，不仅照顾果树很方便，而且能提高效率。不同品种的果树错落参差，像精心布置过的景观一样，别具一格。

“看起来没什么问题。”茅茅和大家分别检查了一些珍贵树种区域，并未发现可疑之处，“恐怕是阳光太毒辣，你们出现幻觉了。”

“嘘，你们听——”357 的耳朵动了动，他似乎听到一些奇怪的声音。

“有动静！”扎克早已趴在地上，他感到地面上传来有节奏的声响，像

是有人在远处敲鼓，“那边！”

身体灵巧的京宝早已翻上树梢。他站在树梢上望着远方。“对，在那里，有情况！”他朝猴顶天他们喊。

大家顺着京宝和扎克指明的方向一路狂奔。嚯，果然有一个一身巧克力色皮毛的家伙在果树中间刨土坑！他半个身子已经钻进地下，露出一条滑稽的短尾巴和两条纤细的后腿，看不出来是什么身份。

“喂！你是谁？哪儿来的？是不是来搞破坏的？！”果园是茅茅的心头宝，看到自己的果园被刨了，他气呼呼地冲上去阻止。

听到声音，那家伙从坑里退出来——是 357 他们没见过的家伙。从猴顶天和茅茅的反应来看，他也不是森林居民。

他长着尖耳、长脸，颈后一道短鬃，四条腿纤细而有力，身形挺拔优美，他是……

扎克凑近 357 和京宝，小声问：“他是不是芭芭拉说的‘驴’呀？”

京宝猜测道：“我看他有点像拉过咱们的那匹马……”

357 摸着下巴：“还是有点像驴。”

这家伙到底是什么来头？

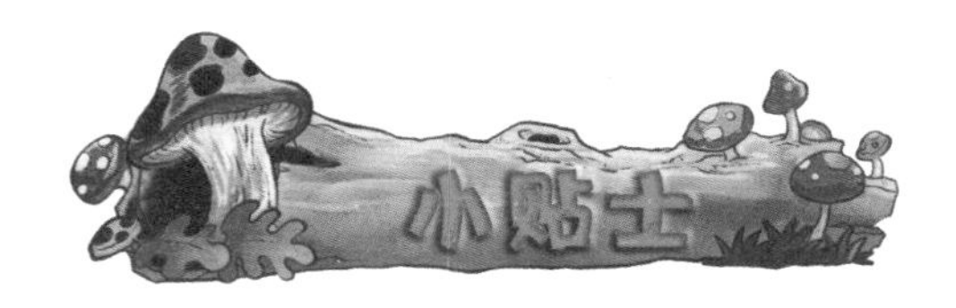

研发部门是做什么的？

我们知道猕猴公司有一个专门的研发部门，负责研究新产品和新技术。茅茅在果园里专注培育新品种果树，提升原有果树的产量和质量，从某种意义上来说，这也是产品研发的一部分。

与猕猴公司类似，现实中的许多公司也都建立了研发部门。“研发”是“研究与发展”的简称，所以有时也称为 R&D（英文 Research and Development 的缩写）。研发人员的工作以改进生产技术、产品和提升服务质量等为目标。比如一个生产手机的企业，其研发部门的工作可能包括研究如何改进操作系统、延长电池使用寿命等。

在研发方面投入大量金钱值得吗？

与生产、销售等部门相比，研发部门的特点是不直接贡献利润，而且不仅不赚钱，还“烧钱”，也就是说公司反而要在研发部门投入大量的人力、物力、财力。比如茅茅为了培育新的猕猴桃品种就花了五年时间，要知道，在这五年里投入的精力和财力都是没有回报的。

但是在研发方面的投入是非常值得，也是十分必要的。市场上有许多同类型的公司，生产着大同小异的产品，争夺着同一个消费群体。为了在市场竞争中保持优势，就必须寻求技术突破。从表面上看，研发不带来直接的收益，可是一旦取得突破，往往可能是颠覆性的，比如极大地降低成本，或在技术方面“改天换地”，由此带来的产出和利润绝对超乎想象。不仅如此，技术上的进步和突破不仅为公司带来利益，还会给整个行业带来冲击。比如智能手机的问世、移动支付技术的普及等，不仅改变了商业格局，也改变了我们的生活方式。

1

问: 茅茅花大量时间培育果树，一定能成功吗?

2

问: 猜猜猕猴公司的研发部门可能做些什么工作?

3

问: 研发部门不赚钱，纯粹是浪费钱，对吗?

2 保安岁福

“哎呀，你可真厉害！”好好的果园被这位不速之客刨出一个大坑，这可把茅茅气坏了！他学着修竹君的口吻讽刺道，“你是不是叫‘破坏王’啊？好好的土地，你刨坑做什么？！”

“对……对不起啊，我走到这里，突然渴得很，就从树上摘了个果子，发现还没有熟，太酸了。我闻到这地下有水，就想打口井，弄点水喝。”

茅茅叫道：“天哪！谁会因为口渴而就地打井？！你是哪里来的怪物？”

“你是刚刚从……天上那个东西里下来的吗？你是……驴？马？还是……”看来猴顶天也拿不准“破坏王”的来历。

“不用怀疑，是驴。”那家伙昂首挺胸地说，“虽然我也经历过自我怀疑和外貌焦虑，不过我已经成年了，一头成熟的驴，从不在意外界的眼光……”

“话还挺多！”茅茅生气地打断他，“我们老大问你，你是不是从天上掉下来的。”他不耐烦地指着天空。

“哦不！曾经我也以为自己的与众不同是因为我来自天空——在我的记忆中，我离蓝天白云很近，仿佛在天上奔跑。可妈妈告诉我，那只不过是虚幻的梦境。作为一头成熟的驴，应该脚踏实地，认真生活。”

大家都被他的驴言驴语搞得摸不着头脑，一会儿“天空”一会儿“梦境”的，看不出哪里“成熟”，倒像要“成仙”似的。

驴主动示好，自我介绍道：“我是岁福，从村里来的。”

“你是来我们森林打工的吗？”茅茅一边心疼地把土铺回去，一边问驴。

“打工？我是来打架……哦不，这太不文明了，我是来切磋武艺的！”驴昂首挺胸，倒腾着蹄子，摆出冲刺的架势。

“切磋武艺？”茅茅纳闷儿了，“你们村子里不能切磋吗，干吗跑到森林里来切磋？”

“哦不！我也不是故意的。我打小儿有个毛病，看见汽车就爱追着赛跑，跑完就迷路。这次可能追得有点远了，反正……嘿嘿，我在森林边上转了好几天了。你们行行好，给口吃的吧！”

原来是一头笨驴！茅茅和猴顶天简直要气笑了。

“现在是夏天，果子跟你可不一样，它们还没成熟呢。”猴顶天打趣道，“跟我们走吧，吃饱喝足赶紧回家，你妈妈说不定已经在担心你了。”

猴顶天问道：“你妈妈希望你成为战驴吗？”

“哦不！她说外面太危险，希望我留在村子里，这样比较安全。”

虽然我迷路了，可我真的是想打架才决定进森林里来的！
你要找谁打架？
嗯……最好是狼！
哼，口气还不小！我们森林首富的保镖就是狼。为什么？因为狼最厉害！

对，我就是要找最厉害的打！要成为一头合格的“战驴”，必须有向狼挑战的勇气和履历！
战驴？

没错，战驴可不是拉磨或者拉车的，成为战驴就可以帮人类牧羊。蓝蓝的天空，一望无际的草原，像那些驰骋疆场的战马一样。只有这样，我的驴生才有意义！

“那你最好听你妈妈的话。”

“哦不！不行！我必须要成为一头战驴！”

“为什么？”

“我们村子里有一个传统，驴成年时都要到驴寿星那里去求签。那个签准得很，驴的命运就在签上！”

猴顶天追问：“所以是驴寿星的签说你会成为一头战驴？”

“哦不！我的签是……是……”岁福叹了一口气，不情愿地坦白，“是‘驴肉火烧’……”

“啊？！”这让大家大吃一惊，他们不约而同地停下了脚步。

“没错，我不仅没求到‘拉磨’这样的上上签，连‘耕田’‘拉货’这样的下签都没抽到！”

“所以你跑出来是为了逃命？”

“哦不！我真的是追车迷路了。不过妈妈常说能跑掉就别回头，哪怕流浪，总比变成驴肉火烧好。”

猴顶天笑道：“看来，那位驴寿星的签也不怎么准嘛！”

“哼，我原本就不信！命运要靠自己创造，一桶竹签如何能决定我的未来。我偏要做战驴，我要去草原牧羊，我要让妈妈为我骄傲！所以请你们帮帮我，我会劳动，我可以留下来打工赚钱，等一个向狼挑战的机会！”

岁福的一番话倒让茅茅没那么生气了，他想到了自己的奶奶。他自己拼命努力，不也是想让奶奶骄傲吗？此刻他竟有些同情岁福了，于是开口

道："老大……"

"明白！"猴顶天笑道，"你来得也巧，今年果园里有新品种的猕猴桃第一次结果。果树是我们最珍贵的资产，需要好好保护。你就留下来看守果园，万一有什么坏家伙闯进来搞破坏，你正好练练战斗技巧。当然，你也可以到城市中心的商圈去碰碰运气，那里机会多，也需要劳动力。我看你身强体健，应该能很快找到合适的工作。"

岁福小跑着跟上来道："哦不！我就留在果园！我不喜欢拥挤的地方，我要头顶蓝天，脚踏大地，我要自由奔腾！我会每天在果园里巡逻，确保您

珍贵的资产不受一丁点伤害！”岁福开心地蹬着蹄子，展示起“回旋踢”，这让 357 他们想起了那位同样喜欢蹬腿的 996，一时泛起了乡愁。不知道 996 总裁和鼠来宝现在怎么样了？

“好，那你就听他的安排。在果园里，茅茅才是老大。”猴顶天向岁福交代工作。

“你只要负责看护猕猴桃树就好了，这可是我们森林的‘珍宝’。”茅茅朝岁福挥挥手。岁福做出乖巧的样子，跟着他向猕猴桃园走去。

没想到逛个果园的工夫，竟给果树招了位“保安”。不管岁福因为想要

成为战驴而来到森林的说法是真是假，他那一身腱子肉却是货真价实。猴顶天总觉得他与一般的家驴不太一样，那一身巧克力色的被毛，炯炯有神的眼睛，特别是身形——远远望去，说他是马也不为过。他那四条精壮结实的腿，说不定真能追得上汽车，打得过群狼……无论如何，茅茅花了五年时间培育

的“碧玉”首次结果，有岁福做“保安”，大家也能放心些。

在果园的入口处，修竹君已经等在那里了。他来回地踱步，看起来很着急的样子。修竹君一向情绪稳定，喜怒不形于色，猴顶天极少见他慌乱的样子，难道出什么事了吗？

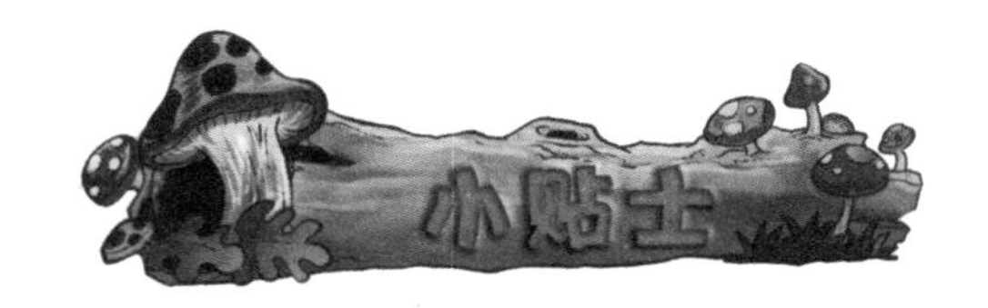

付诸东流的努力

果树专家茅茅不仅本领过硬，运气也不错，他花五年时间培育的新品种猕猴桃终于结果了！等等……假如，这些新品种猕猴桃就是不结果，那会怎样？

没办法，只能眼睁睁地看着五年的努力和投入的金钱付诸东流。

在经济学中，假如茅茅失败了，那么在整个研发过程中，茅茅和猕猴公司已经投入的资源、资金、精力等不可收回的支出，就叫“沉没成本”。沉没成本是指已经付出且不可收回的成本。同时，由于沉没成本已经是“过去式”，不应让它影响你当前的决策。

听起来虽然令人惋惜，但在新技术、新产品的研发过程中，失败及失败带来的沉没成本通常都是不可避免的，失败甚至往往远多于成功。正因如此，人类取得的每一项技术突破，都是艰难而珍贵的！

城市里的劳动者

岁福离开乡村到更大、更繁荣的山海森林，靠自己的本事获得了一份工作。此时，他就成为山海森林众多劳动者的一员了！

在我们生活的城市中，有许多劳动者也是为了工作从乡村迁移到城市的。一方面是因为农业生产的收入不太稳定，而在城市工作，能够获得较高的收入；而更重要的是，城市的发展和建设离不开这些城市建设者。

无论从事何种工作，本质上都是付出劳动并创造价值，从而获得经济回报。从这个角度来看，来自农村的城市建设者与其他工作者并没有什么不同。他们工作在建筑、生产、服务等各行各业，是城市不可或缺的一员，为城市的建设和繁荣，为我国经济的迅速发展，做出了巨大的贡献，是值得尊重的劳动者。

1

问: 假如茅茅培育的新果失败了, 结果会怎样?

2

问: 沉没成本还能收回吗?

3

问: 假如茅茅成功了, 那投入的金钱算什么呢?

修竹君一见到茅茅就迫不及待地问："茅茅，你之前说的那笔一直退不回来的投资，是不是跟金无敌有关？"

茅茅愣了一秒钟，点点头。

原来茅茅一直都有理财的习惯。三年前，金无敌成立了"金元宝投资公司"，推出了许多新的理财产品，年化收益率高达 20%，而且承诺每个月都付利息。听到这个消息，山海森林包括茅茅在内的许多居民都把全部身家拿去投资，一时间，金元宝投资公司的理财产品火爆到居民们要排很长的队才能买到！

不过，金元宝投资公司的理财产品虽然收益高、按时付利息，却不允许提前退出，一买就要等三年五载，期满才能还款。茅茅想给奶奶买一栋高层住宅，实现她的愿望，就想提前退出投资，不料却遭到了拒绝。结果茅茅一直到现在都没能实现奶奶的愿望。

修竹君表情凝重地说："听说，他的那些理财产品有猫腻。"

"什么？"茅茅眉头一紧，感觉不妙。

原来，金无敌一直对外宣称，金元宝投资公司旗下的理财产品的高收益，是在其他森林投资赚来的。比如，他号称自己在南方的云雾森林投资修建了"大象食品厂"，专门制造大象爱吃的肉丸子。大象的胃口多么大啊，大象食品厂不赚钱才奇怪！

可是最近，修竹君的一位表弟刚刚从熊猫度假村回来，他在那里认识了一位从云雾森林来度假的孔雀姑娘。这位孔雀姑娘说她根本没听说过什么金无敌或金元宝投资公司，更没有听过什么大象食品厂！

"更可笑的是，"修竹君叹了口气道，"孔雀姑娘说，别看大象个头大，可大象根本不吃肉，比我们吃得还素，是纯粹的素食主义者！我表弟回来后就去找金无敌求证，要求退钱，可他让狼保镖把我表弟赶出来了，随后就躲回半山别墅，再不肯出来。现在森林里传言，说金无敌说的那些投资项目全是假的，他根本没把钱拿去投资，而是自己花掉了。"

修竹君的话吓得茅茅出了一身冷汗。如果自己的钱真的被金无敌胡乱花掉了，那不就拿不回来了？这样就算等到新果上市，赚到的钱也不够给奶奶

买房子了。

“会不会……”猴顶天想给茅茅打气，“会不会你的那位表弟听错了，或者度假村的孔雀也不了解情况？大象……虽然咱们都没见过，可据说一头大象比好几十个金无敌还重，吃素……真的能吃饱吗？”

修竹君摸着自己浑圆的肚子说：“也不是没有这种可能……可如果金无敌问心无愧，干吗躲起来？”

357 仿佛突然想起了什么。他问茅茅：“我记得你听说我们从冰雪森林来时，说过一句‘我们在那儿也有投资’，当时你说的就是这个理财产品吗？”

茅茅恍若从梦中惊醒一般，紧紧抓住 357 的手道：“对啊，我怎么忘了！没错，我投资的那个项目是冰雪森林的……松茸园！松茸……对，就是松茸！金无敌说那是一种很珍贵的蘑菇，冰雪森林的居民都爱吃，所以非常赚钱。你们是不是很爱吃松茸？松茸园的投资是不是很成功？啊？是不是？”茅茅的语气中充满期待，他希望冰雪森林来的朋友们能给他一个肯定的回答，他希望熊猫度假村的消息是假的，他的投资是安全的，是可以连本带利收回的。

这样奶奶很快就能住上高层住宅，在那里度过幸福的晚年……

357、京宝和扎克不知所措地交换了眼神，最终还是京宝开口：“松茸……我们那里是有的，也的确有很多森林居民爱吃，可是……可是……”

京宝说不下去，扎克只好补充道：“松茸是个奇迹，到现在我们也没搞清楚它们到底是如何生长繁殖的。我们冰雪森林的确生长着很多松茸，不过都是野生的。或许是我们孤陋寡闻，没听说金无敌来投资，可是‘松茸园’这个说法就很奇怪。我们能挖到一棵松茸就很不容易了，从没听说过有谁能成功种植松茸，还能建成松茸园的。”

茅茅这个果树种植专家居然被“松茸园”项目给骗了！如同果树可以被种植和培育一样，他认为培育珍贵的松茸也能赚钱。谁知隔行如隔山，松茸是菌类，和果树等植物完全不是一回事！

经过两个消息的验证，金无敌骗钱的事怕是错不了了。如果投资是假的，那大家的钱说不定早被金无敌拿去挥霍了，而这些年他又是建豪宅又是买豪车的，原来用的都是大家的钱！难怪听到消息的森林居民们都急着去找金无敌“算账”。

“要不你也赶紧去要求退款吧，去晚了可能就拿不回来啦！”修竹君催促茅茅。

茅茅感觉全身无力，差点儿一屁股坐在地上。幸好岁福就在茅茅身后，他蹄子一伸，把茅茅撑了起来。

“别怕！谁敢欺负我老板，我就与他一战！保证打得他服服帖帖，乖乖把钱给你送回来！”岁福的蹄子兴奋地动起来，像要准备开战似的。

在附近劳动的猕猴说：“金无敌就是金钱豹啊，他还有一群狼保镖，保

镖的头头是一只彪悍的老鹰。”

岁福转了转眼珠子，突然喊道：“哎呀，那边似乎有情况，待我去查看一番……”话音未落，他已经转身跑开了。

也难怪岁福害怕，金无敌的别墅有重重守卫，就是他们集体去围攻，恐怕也闯不进去。

修竹君安慰茅茅：“我听说，金无敌说再等几个月，到期的理财一定会如数退还。说不定咱们低估了他的财力，就算投资是假的，他的钱也够还了，

所以你也别太担心了。”

“可是我不懂，”茅茅摇着头说，“自从我买了理财，的确每个月按时收到了利息。如果这是个骗局，那……那利息是从哪里来的？”

茅茅的疑问，也是购买了金元宝投资公司理财产品的其他森林居民共同的疑问。其实大家也不是没有怀疑过金无敌，毕竟他说的那些投资项目大家从未亲眼见过。这年头，眼见都不一定为实，何况全凭金无敌的一张嘴呢。

什么是理财？

理财是一个很宽泛的概念，在不同的语境下含义不同。

首先，理财顾名思义就是打理自己的财产，为的是在满足日常需要的基础上，通过储蓄、投资等方式，让财富保值、增值，也就是通常说的“钱生钱”。在现实生活中，小到个人和家庭，大到公司和机构，其实都需要好好打理财产和债务，才能够把握自己的财务状况，更好地经营生活或生意。

其次，理财还有一个更具体的含义，是指商业银行等正规金融机构设计和发售的金融产品。当你购买理财产品时，就相当于把钱交给金融机构打理。金融机构中的专业人士会用你的钱进行股票、债券等投资，帮助你“钱生钱”，同时收取一定的管理费作为回报。

要提醒的是，专业人士虽然受过正规培训，但并不代表由专业人士操作的理财产品就稳赚不赔。许多人因为相信银行，就认为银行发售的理财产品是没有风险的，这种想法绝对是错误的！一定要记住：只要是投资，就一定有风险，无论什么样的投资高手，都无法避免损失。假如有人对你说某个理财产品绝对没有风险，那你反而要格外小心啦！

我可以理财吗？

当然可以，而且每个人都应该学着理财！

第一步，给自己的收入分类：你可以将自己的收入（零用钱）分成两个部分，一部分自由使用，另一部分强制自己存起来。第二步，获

得本金：将存下来的钱放进银行，慢慢积少成多。一段时间之后，你会发现自己有一笔可观的存款，这就是你的本金。第三步，投资增值：有了本金以后，你就具备投资的基本条件了。此时你可以委托爸爸妈妈帮你选择一些低风险投资，提高收益，让“钱生钱”的速度加快。

从你开始为收入分类、储蓄，再到投资增值的整个过程，就是你理财的过程。虽然你的钱不多，可以选择的投资方式和收益也十分有限，不过养成理财的意识和习惯，将会使你终身受益。

问：你能想到哪些管理财富的方式？

问：银行理财产品完全无风险，对吗？

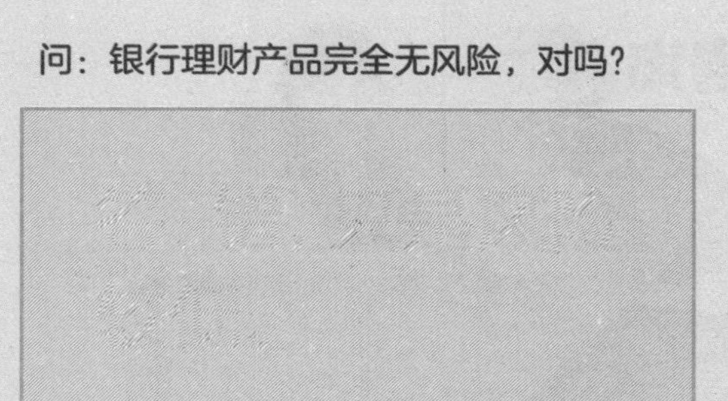

问：银行存款和股票投资哪个风险高？哪个可能获得的收益高？

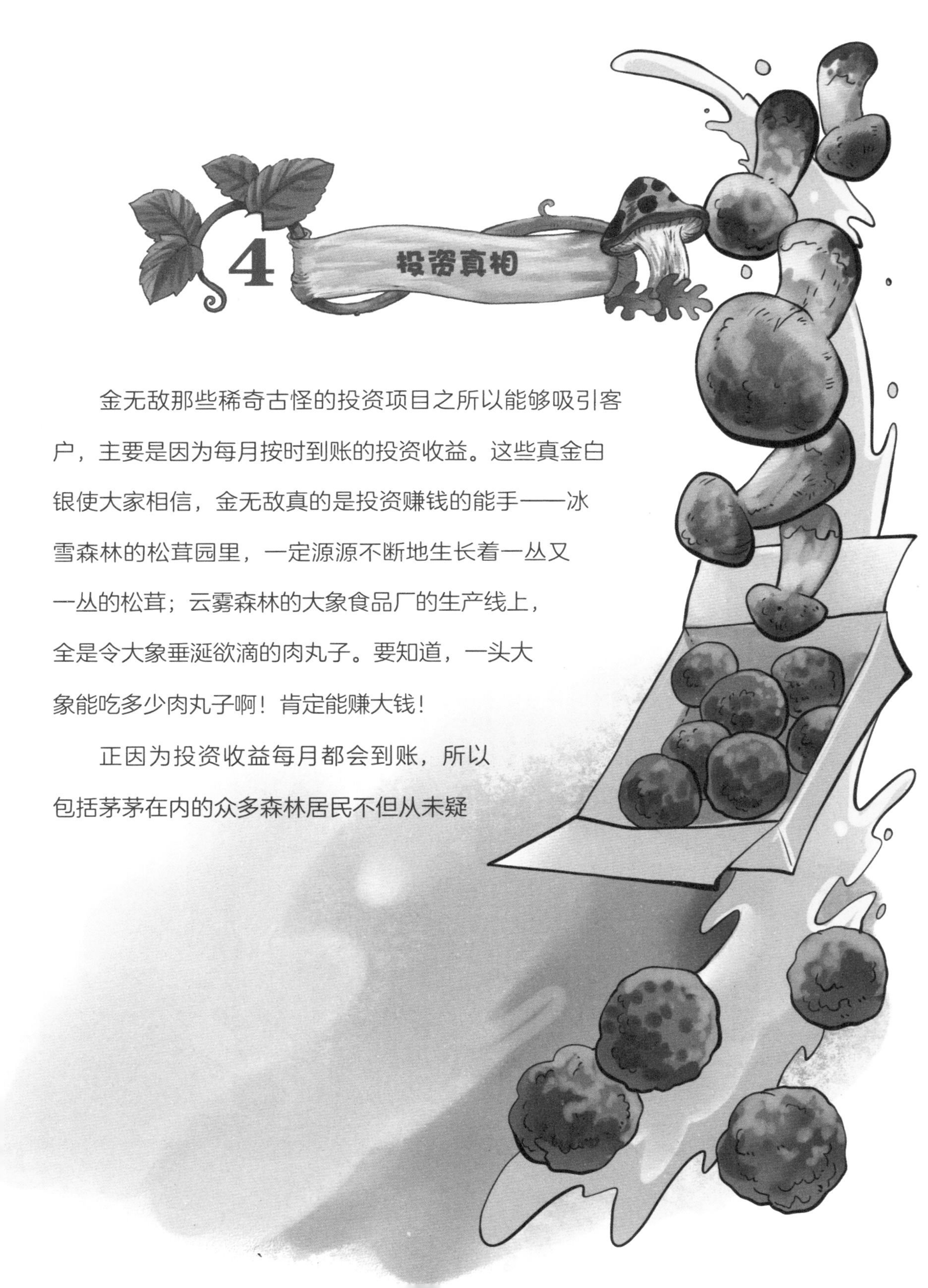

4 投资真相

金无敌那些稀奇古怪的投资项目之所以能够吸引客户，主要是因为每月按时到账的投资收益。这些真金白银使大家相信，金无敌真的是投资赚钱的能手——冰雪森林的松茸园里，一定源源不断地生长着一丛又一丛的松茸；云雾森林的大象食品厂的生产线上，全是令大象垂涎欲滴的肉丸子。要知道，一头大象能吃多少肉丸子啊！肯定能赚大钱！

正因为投资收益每月都会到账，所以包括茅茅在内的众多森林居民不但从未疑心，还将这类投资当作理财的好方法，推荐给身边的朋友，所以金元宝投资公司居然在两三年内发展了庞大的客户群。

“假如投资是假的，收益必然也是假的，不过是个‘拆东墙补西墙’的雕虫小技而已。这是一个巨大的骗局！”357 指出了问题的关键。

“什么叫‘拆东墙补西墙’？”

“咱们打个比方。”357 用手比画着一个小金字塔的形状，指着塔尖说，

“假设茅茅在第二层，那么在茅茅之后购买理财产品的森林居民新投入的钱，就会被作为收益付给茅茅这一层的投资者。只要这个‘金字塔’的‘基座’不断地扩大，上一层的投资者就总是能收到利息。”

修竹君最先明白了 357 的意思：“你是说，只要新的投资者源源不断地上门，购买理财产品，金无敌就可以‘空手套白狼’，不必真的去投资什么项目，也能够维持这场骗局？！”

“对，就是这个意思！”357 点头肯定修竹君的猜测，“乍看起来大家都拿到了收益，没有什么问题，直到今天熊猫兄弟带来了消息，大家开始怀疑了，所以‘金字塔’很难再维持了。”

猴顶天不停地点头，她也明白金无敌的伎俩了！

修竹君补充说：“对，投资能产生收益是因为投资的钱通过某种运作赚到了更多的钱。比如我们投资了新榨汁机，果汁产量翻倍，给我们赚到更多的钱，扣除购买榨汁机的成本，才是投资的收益。如果金无敌根本没有投资，就不可能有收益，因为钱是不可能‘自我繁殖’的。他只是用新骗来的钱，假装投资收益，维持骗局继续运转，再骗更多的投资者入局！”

“这……这也太可恶了吧！金无敌真狡猾，竟想出这种骗术！”猴顶天

有点生气。认真经营一个公司是很辛苦的事情，修竹君、茅茅，还有她和自己的兄弟姐妹们，付出多少辛苦，投入多少资金，承担多少风险，才赚到一点利润，让猕猴公司起死回生。森林里每个踏实工作的居民，赚钱、存钱都不容易。可是金无敌用低劣的骗术，骗走了大家的辛苦钱，这不仅违反法律，也违背了道德。要不是熊猫兄弟和 357 他们证实了这是一个骗局，恐怕大家还被蒙在鼓里，而金无敌还可以得意扬扬地躺着数钱！

“金无敌这个大骗子！我……我要去找他算账！”茅茅咬牙切齿地要冲出去，被猴顶天一把拉住。

“不要冲动！”猴顶天劝道，“先看看金无敌如何解释。而且别说你打不过他，他现在恐怕已经躲起来了，见都见不到。你只去打听一下情况，回

来我们商量对策。记住了吗？”猴顶天又叫来岁福，“你不是要当战驴吗？先给你一个任务，保护你老板，能做到吗？”

岁福听说有任务，很开心。他当即让茅茅爬到他的背上，然后一溜烟儿地向山上跑去。

金无敌的半山别墅早已被围得水泄不通，看来，受骗的森林居民比茅茅想象的还要多。大家怒气冲冲，举着各种抗议的牌子，要求金无敌出面。可是别墅的门紧闭着。

茅茅问周围的森林居民：“会不会他根本不在家？”

“他跑不了！他的几个公司也都被围着呢！”

突然，嘈杂的人群安静了下来，别墅的门开了。茅茅坐在岁福的背上，看见出来的并不是金无敌，而是两位狼保镖——一位叫狼进宝，另一位叫狼招财。

狼进宝负责维持秩序，狼招财则传达消息：“咯咯，传金总的话，大家放心，你们的钱很安全，到期一定会还本付息。强行退出也可以，但按合同规定，只能拿回五分之一的本金。你们自己看着办吧！”说完，两位狼保镖头也不回地进屋了。

“怎么办，要不还是自认倒霉拿五分之一的本金吧！不然万一传言是真的，就血本无归了。”

“就是就是，五分之一也比一分钱没有好些……”

“可万一传言是假的呢？我们岂不是白白损失了本金？”

大家七嘴八舌地讨论着，有的决定再等等，有的宁可拿五分之一的本金，也有的坚持认为这又是金无敌的骗术。

金无敌果然有些本事，三言两语就让本来就缺乏组织的投资者进一步分裂。大家的意见已经出现了分歧，更无法团结一心，形成强大的力量了。没过多久，别墅外的森林居民们慢慢散去了。

岁福问茅茅："刚才那两位就是森林首富的保镖吗？那就是……狼？"

"什么……哦，是的！"

岁福吞了吞口水——他日思夜想的狼啊，原来是这个模样！

实际上，狼招财的肌肉看起来远不及岁福，狼进宝甚至有点儿发福，可是那威严的气势、双眼射出的寒光，让岁福有点儿泄气。原来这就是传说中

的猛兽，只是远远看了一眼，就令他不寒而栗，如果真正面对他们、向他们发起进攻……天哪，岁福简直不敢想下去！他真的能打败狼，成为一头合格的战驴吗？或者，真的有驴曾经向狼挑战并成为战驴吗？会不会这只是一个骗局？他真的要留下来向狼发起挑战吗？结局会不会比“驴肉火烧”更惨？是生存还是毁灭？是离开还是留下……

“岁福，你说该怎么办？”茅茅有些拿不定主意。

岁福心里正琢磨着和狼打架的事，完全没听见茅茅问的什么，他自言自语地说：“活着最重要的就是尊严！我宁愿拼死一战，也不愿任人宰割！”

茅茅以为这是岁福的回答，顿感豁然开朗。“你说得对！”他在岁福的背上站了起来，“我要想办法戳穿金无敌的骗局，绝不退缩！”

投资收益的来源

投资能产生收益是因为钱通过运作变多了。比如，用钱买股票——股价上涨——产生收益。再进一步说，股票之所以上涨，也是因为在上市公司的运作下赚到了更多的钱（比如投资榨汁机——果汁产量翻倍）。

钱乖乖躺着不动是永远不会变多的。这就是357要反复讨论松茸园、大象食品厂是否真正存在的原因——假如金无敌所说的投资根本不可能存在，就说明大家投资的钱根本没有“运动”起来，躺着不动的钱根本不可能产生收益，那么金无敌承诺的20%收益要从哪儿来呢？不符合基本逻辑的事情，至少应当引起警惕。

投资理财的期限

银行的理财产品通常都有一个期限，在到达规定期限之前，你的投资是“封闭”的，也就是不能取出来。这是为什么呢?

投资有一个重要的因素，那就是时间。无论定期存款还是股票、债券等，通常都需要一定的时间才能产生稳定的收益，若涉及实体投资项目，比如研发、固定资产投资等，产生收益的时间就更长了。所以，设定投资期限，一是投资本就需要一定的时间才可能获得收益；二是给资金管理者预留准备空间，避免在不恰当的时间点上频繁操作产生损失（如在股票下跌时强行卖掉），或为了准备资金而“手忙脚乱”。说到底，也是为了投资者获得更稳定的收益。

当然，也有不设期限的投资类别，比如股票、开放式基金等，我们以后再慢慢讨论。

1

问：修竹君为什么认为金无敌的投资是一个骗局？

2

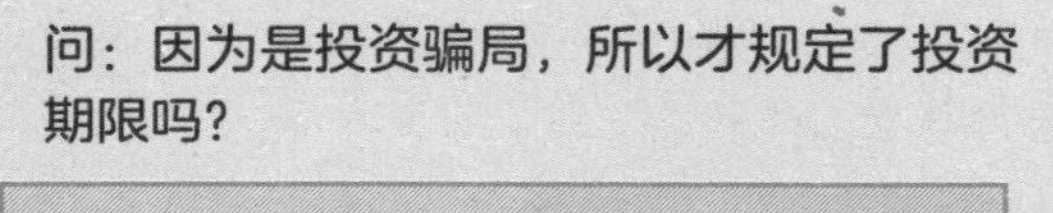

问：因为是投资骗局，所以才规定了投资期限吗？

3

问：投资期限越长，收益越高，对吗？

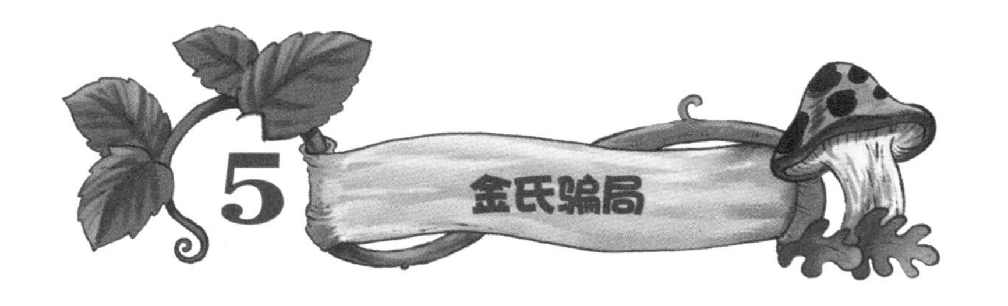

茅茅派岁福去果园守卫，自己则回到猕猴公司。

大家正在为茅茅着急，没想到他一回来居然燃起了斗志：“我要和金无敌一战！之前因为金丝猴农场的事儿，我就差点被他害死。这次传言万一是真的，不只是我，他要害苦多少森林居民！不能让他逍遥法外，我要戳穿他伪善的假面具，让大家都知道这位‘大慈善家’的真面目！”

357 提醒道：“那你要怎样做呢？虽然我们可以做证，可是其他森林居民会相信我们吗？”

扎克和京宝不停地点头，其他人也都若有所思。是啊，想要证明某样东西存在，把它展示给大家看就可以了，可是要证明某样东西不存在，或者某件事情未曾发生过，这可太难了。或许这就是金无敌公然行骗的底气吧。

刚打起精神准备战斗的茅茅有点儿泄气：“唉，敌人太狡猾，搞得大家团结不起来了……你们说，再等两三个月，他真能把花掉的钱变回来吗？”

“金无敌号称首富是因为他有庞大的固定资产。虽然固定资产的流动性不高，不容易变成现金，可是乐观一点想，他拖时间或许就是要把资产变现，还给大家。”

修竹君的话给了茅茅一点安慰。

“碧玉”猕猴桃一天天长大，果园里越来越忙，茅茅的心似乎也安定了一些。就这样过了两个多月，当茅茅的理财产品到期时，金元宝投资公司居然真的开始退还本金了！

森林居民们奔走相告。无论是决定提前退出的，还是投资期限已到的，都毫无阻碍地如数取回了钱款！

茅茅拿着全额本金，简直傻了眼，呆呆地拿给大家看。

“是真的钱，圈圈里有珙桐花的！”扎克一张张地仔细检查着，对着光查看水印，用手指又拉又弹，确认钱币的真伪。

修竹君十分纳闷儿：“都没听说金无敌变卖资产，他哪里来的那么

植物
大百科

多钱。”

“金无敌也太有钱了！”京宝不禁感叹，“莫非他家里有印钞机？”

357也彻底糊涂了。

修竹君不停地挠头，他简直怀疑他那位表弟在熊猫度假村里听到的是假消息，甚至在想大象这个传说中的庞然大物，说不定真的要吃肉丸子才能填饱肚子？！

“扎克，”京宝挠着头说，“你还记得雪山下的那片松树林吗？咱们去那里采过蘑菇。有一次，咱们发现好多松茸，你说会不会是有谁特意种下的？那里会不会就是金无敌的松茸园？”京宝开始怀疑在冰雪森林的某个角落里，说不定真有一片松茸园……

扎克想了想，摇头说：“你们还记得我跟贝儿借过一本《植物大百科》吗？”

357想起不久之前，扎克曾为他发明了防身用的“仙人披风”，灵感就来自《植物大百科》中介绍的仙人掌，当时扎克还笑称，那是他在植物界的“亲戚”呢！

“当然记得！”京宝和357对望一眼，点点头：“你在书里读到过关于松茸的知识吗？”

扎克笑道：“有趣的地方就在这里了！我借书的时候，原本也是想读一些关于蘑菇的知识，发明一些新零食。没想到翻来翻去，这一整本书里，连一点蘑菇的影子也没见到！我就去问贝儿，《植物大百科》里为什么没有介

绍蘑菇呢？这个问题让贝儿笑了半天！”

“为什么？”猴顶天、修竹君和茅茅听见他们聊天，也凑过来听。

“贝儿是一只棕熊，比修竹君还要壮一点。”京宝用手臂比画着，“他是我们森林里的植物学家，没有人比他更热爱、更了解植物了！”

扎克点点头继续说：“对，正因为贝儿是植物学家，他才因为我的问题笑了半天。他说，蘑菇根本不是植物！”

“什么？长在土地里、不用吃喝、靠阳光和空气就能长大的蘑菇不是植物，那难道蘑菇跟我们一样吗？”

“不，蘑菇跟我们不一样，跟植物也不一样。它是我们认知以外的另一个物种——真菌。”扎克昂首挺胸，得意地介绍道。

“哦——”

大家齐齐点头，却更加摸不着头脑了。话题从金无敌转移到蘑菇，扎克到底想要说明什么？蘑菇是植物还是真菌，到底和金无敌这件事有什么关系？猴顶天的办公室里一片安静……

“这说明了什么？”茅茅问出了大家心中的话。

“松茸是一种蘑菇，也属于真菌类。所以你不能用自己培育果树的经验去思考真菌的繁殖，它不是把种子或者树苗埋在土里，浇水、施肥、晒太阳就能长出来的。松茸没有种子，是靠孢子形成菌丝，菌丝形成菌根，再长成

新的松茸。这个过程非常漫长，而且需要十分严苛的条件。另外，它为什么叫松茸？因为它们通常长在松树林里。在整个生长过程中，哪怕条件有一点不合适，松茸就长不出来，这就是它稀有的缘故。”

“我明白你的意思了。”猴顶天说，“你是说，由于松茸需要这么漫长的过程和这么复杂的条件才能长成，所以几乎不太可能像果园一样大片地培育？”

“就是这个道理。”扎克点头，“我不知道大象到底吃不吃肉丸子，至少松茸园根本不可能存在。这种不符合常理的事情一定是骗局！我也不知道金无敌从哪里得到这么多钱，但是说他是卖松茸赚的，我才不信！”

修竹君同意扎克的看法："对。如果投资者一年能拿到 20% 的收益，那么金无敌的实际收益一定比这还高。投资什么能赚到这么多钱？我同意扎克的看法，对不符合常理的事情应该谨慎！"

金无敌一定有问题！

经过大家的分析讨论，金元宝投资公司有问题已经是不争的事实。对任何不符合常理的事情都认真思考一下，总是没有坏处的。

可惜，思考是一件既费脑子又费体力的事情，喜欢思考的森林居民并不多，特别是钱已经退回来了，还想那么多干什么。山海森林居民的消费热情肉眼可见地高涨起来，一时间，森林里到处飘荡着"买！买！买！""冲！冲！

什么是合理收益

如果有人跟你说，有一项投资稳赚不赔，一点儿风险也不用承担，却能给你 100% 的收益，那么你千万别信，他一定是个骗子！

从投资的角度来看，所谓合理，就是符合投资风险与收益的基本关系：一项投资可能获得的收益越高，需要承担的风险也就越高。

结合前面学过的知识，我们知道高科技公司在研发方面的投入很大，但是结果非常不确定。有些高科技公司在研发上取得重大突破，股价翻倍，甚至翻十几倍都不稀奇。反之，如果研发始终没有进展，那么股价大跌，甚至公司宣告破产也是可能的。因此高科技公司的股票就属于高风险、高收益投资，但它是非常合理的。而银行定期存款，虽然收益少得可怜，可是除非银行倒闭，你的存款绝对安全，几乎是“零风险”，所以收益虽低，但也是合理的。

在投资的世界里，风险和收益永远结伴而行。收益其实就是对你承担风险的经济补偿。想获得高收益，必须承担高风险，这就是我们判断投资收益是否合理的依据。

购买银行理财产品作为投资，有什么需要注意的？

第一，虽然银行理财表面上是没有服务费用的，但该产品的实际投资收益可能远高于银行给你的收益。也就是说，银行是以另一种方式为这项理财服务向你收取了费用。永远不要忘记，银行是以营利为目的的金融机构，银行任何业务的动机，赚钱都是首位的。

第二，银行告诉你的收益率其实是年化收益率，也就是投资满一年可能获得的收益。所以如果你购买的产品写着“收益率 4.8%”，而投资期限只有三个月，那么 1 万元到期后，你的实际收益率也是年化收益率的四分之一，也就是 1.2%（总计 120 元）。

第三，银行理财是理财产品中的一个特殊类别，因此，在银行购买的理财产品，并不一定是银行理财。因为银行也负责销售由其他金融机构管理的理财产品，其真正管理者可能是证券、基金、保险公司等投资机构，投资内容千差万别，风险也可能很高。许多人以为只要是在银行购买的产品，就和银行存款一样稳妥，这绝对是误会！“银行理财产品”和“在银行购买的理财产品”并不能画等号，所以购买时一定要问清楚。

1

问：如何判断一种投资的收益是否合理？

2

问：在成语“不入虎穴，焉得虎子”中藏着一条投资规律，它是……

3

问：年化收益就是我投资到期后能拿到的收益，对吗？

秋天，茅茅辛苦培育了五年的新品种——“碧玉”无籽猕猴桃，终于和果园里的其他果子一起成熟了。果园里，扎克摘下一颗刚成熟的猕猴桃，跟小伙伴们分享。他们来到山海森林时正是春天，从参加苌楚节开始就认识了猕猴桃这种新水果，可住了几个月才等到猕猴桃成熟，才第一次品尝到这种果子的滋味。

“这个味道有点儿熟悉……”357 咬了一口猕猴桃。这是普通品种的猕猴桃，翠绿的果肉中间点缀着黑色的小种子，咬在嘴里咯吱咯吱的，既清甜又爽脆。

“圆枣子！”京宝和扎克异口同声地叫出来。可不是嘛，这个味道和冰雪森林里的野果“圆枣子”还真有点儿像。

357 一边品尝，一边叹道：“好神奇！圆枣子和猕猴桃相隔千里，外表看起来完全不一样，根本是完全不同的两种果子，但是味道居然如此相似……”

正在附近巡查果园的岁福也来凑热闹：“同样是猕猴桃，不同品种的

味道差别还挺大的。就像我收到的工资，瞧——这些叫‘钱’的东西，有些长得不一样，号码却一样；有些长得完全一样，号码却完全不同哩！”

“哈，原来岁福拿到工资啦！”

“难怪今天这么高兴。”京宝和扎克打趣道。

“等等！”357 突然打断他们的话，“岁福刚才说，‘长得不一样，号码却一样’是什么意思？”

“喏，就是这样啊！”岁福从工资里挑出两张纸币递给 357，“你看，一张是 100 元，另一张是 10 元，可是号码一模一样！”岁福以前所在的村

子里，驴是不需要用钱的。来到山海森林打工后，他才第一次收到工资。他对这些纸币很感兴趣，舍不得花掉，经常一张一张地仔细看，反复观察，于是发现在两张面额不同的纸币上，出现了相同的号码。

“天哪！”357 举着一张纸币惊叫道，“我知道金无敌的钱是从哪儿来的了！”

357 跟岁福换下那两张纸币，和京宝一起拉着扎克以冲刺般的速度回到猕猴公司。猴顶天和修竹君见到 357 带回来的纸币，果然大吃一惊。

“天哪，怎么会这样！”修竹君拿着两张不同面额、编号却完全相同的

纸币惊叫道。

“这两张纸币是同一批发行的，按道理每一张纸币上面的编号都应该是不同的！”猴顶天也很疑惑。

“虽然我们森林里还没有纸币，”357 说，“可是我听说人类世界里经常出现‘假币’，就是伪造的纸币。我一直想不通，既然金无敌的投资是一个骗局，他哪里来的钱还给大家呢？现在想来，那些凭空变出来的钱，会不会是假的呢？”

京宝道：“难道纸币这么容易伪造？！那还不如我们的森林通宝呢！”

伪造纸币是不容易的，而且我们有很多办法验证真伪。

真币
好厉害！

这是验钞机，可以检验纸币的真伪。如果这张100元是真的，那么这张同编号的10元一定是假币。

真币
什么?！
这不可能!

难道假币已经开始在山海森林流通了吗？如果是这样，山海森林会变成什么样？

正在大家被真假纸币搞得焦头烂额之际，茅茅气呼呼地走进猴顶天的办公室，一屁股坐在办公桌前骂道："金无敌这个奸商！"

原来茅茅虽然拿回了本金，但是当他开心地带着奶奶看房子时，发现金无敌的房子一夜之间涨价了！

其实，涨价的又何止金无敌的房子。据猴飞天说，现在山海森林的居民好像都变成了"购物狂"，消费热情与日俱增，似乎钱不是他们辛苦赚来的，而是从天上掉下来的。在这样的购物热情中，市场上所有商品都有供不应求的趋势，价格也是一路飞涨。

京宝挠着头问："大家投资赚了钱，想买东西也是正常的。可是钱多了，物价也涨了，这不等于钱没多吗？真是把我搞糊涂了！"

"这算什么！糟糕的是，因为所有的东西都在涨价，工厂和果园的弟兄们闹着要求涨工资！"茅茅说，"老大，我可不是抱怨，我只是不明白，等了三年，钱终于回来了，手里的钱多了，反而什么都买不起了，这是为什么呀？"

"我明白了！"猴顶天叹了一口气，"终于还是来了！"

修竹君问："什么？什么来了？"

猴顶天转过脸问 357："还记得你们刚来时，我说，纸币虽然方便，但也有它的问题吗？"

扎克有点儿印象："我还以为，顶天姐姐怕我们觉得难堪，故意这样说的呢！"

"我当时没说完的，就是这一点——通货膨胀。"

"通货膨胀？"好奇怪的词，大家都不明白是什么意思。

当年山海森林因为要全面向人类学习，建立现代化设施，所以金属一下子就不够用了。改用纸币其实也是迫不得已。猴老爹曾担心纸币会带来通货膨胀的问题，猴顶天当年还不懂，现在亲眼见到才明白通货膨胀的意思——物价普遍上涨，钱不值钱了！

经过猴顶天的解释，大家都明白通货膨胀是什么了，可是这场莫名其妙的通胀是如何发生的？大家手里的钱怎么一下子多起来了？

"说到底还是怪金无敌！他从前是个多么小气的家伙呀，现在又是建别墅

又是雇保镖，穿金戴银挥霍无度。我们山海森林本来是以节俭为美德，最近在金无敌的影响下，不少居民也开始讲究排场了！”茅茅气烘烘地说。

“没错！因为大家都相信金无敌的理财产品会源源不断地产生高收益，所以不仅不再存钱，还把多年的积蓄都取出来花掉了！”修竹君的分析也有道理。

“是这样。”猴顶天点头道，“因为钱来得太容易，所以森林居民的消费习惯改变了。大家不再存款，而是把钱都拿去消费。市场上的钱一下子多了起来。可咱们森林是个小地方，商品也是有限的，根本满足不了大家的消费热情，市场上的东西都变得供不应求了，不涨价才怪呢！”是的，在一个与世隔绝的森林里，物价飞涨的结果就是钱变得不值钱了，通货膨胀就这样来了。

另外，金无敌破解了纸币的防伪技术，造出真假难辨的纸币，使得山海森林的市场上还流通着大量假币。一边是森林居民高涨的消费热情，一边是越来越多的纸币，通货膨胀的乌云开始笼罩在这片小小的森林上空……

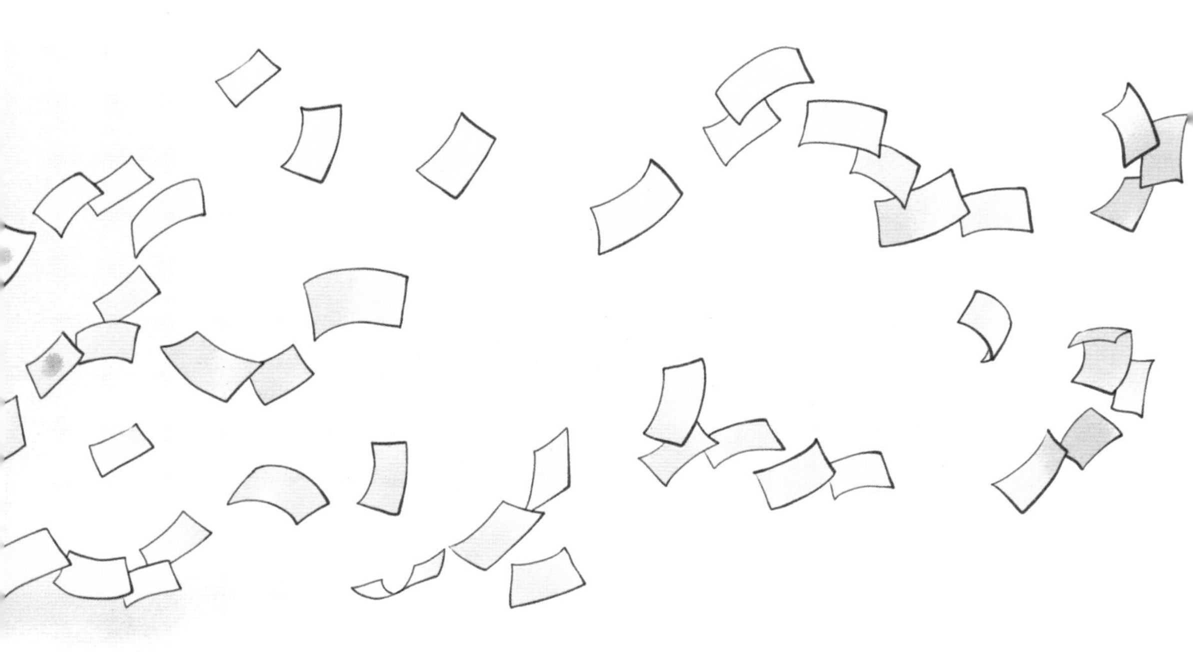

什么，“金氏骗局”竟确有其事？

通过大家的分析几乎已经可以确定，金无敌的投资公司并没有像他宣称的那样，将钱用于投资并与大家分享收益，只是用了“拆东墙补西墙”的小伎俩而已。其实，金无敌的这个骗局并不新鲜，也不是他的“原创”，历史上的确发生过类似的金融诈骗事件！

事件发生在1920年的美国，一位名叫查尔斯·庞兹的意大利移民成立了一家公司，用三个月40%的高收益哄骗了许多投资者入局。事实上，庞兹并没有用这笔钱进行任何投资，只是用新入局投资者的本金混充利息付给前面的投资者。由于不少人确实得到了利益，上当的人越来越多，整个骗局持续了一年多才被戳穿！后来，人们把类似的金融骗局称为“庞氏骗局”。

庞兹本人也和金无敌一样，在骗局被戳穿前，一直过着极为奢侈的生活。不过在现实世界中，庞兹最终因为诈骗被捕入狱，晚景凄凉。

今天还有庞氏骗局吗？

说起来你可能不信，庞氏骗局虽然是20世纪的老把戏，可是今天依然存在。我们已经知道，庞氏骗局是金融诈骗的一种手段。如果你关注社会新闻，各种“换汤不换药”的类似事件在今天依然层出不穷，欺骗了许多人。

不过，你只要搞清楚庞氏骗局的基本原理，再结合合理收益来判断，很容易就能看穿骗子的把戏。比如某公司号称正在研发一种新药，能够彻底治愈癌症，现在投资，三个月即可获得50%的收益！你会相信吗？说说是否有不合理的地方？

1

问：庞氏骗局是 20 世纪的老把戏了，现在还有吗？

2

问：如何识别庞氏骗局？

3

问：如何避免遭遇金融诈骗？

7 京宝献计

修竹君整理了一下刚刚从银行里取出来的钱币，仅仅是在这几沓钱中就发现了好几张编号可疑的百元钞票。看来在这段时间里，假币已经进出过银行了。既然银行没有发现疑点，那就说明这批假币连最灵敏的验钞机都无法分辨！

金无敌把他的小聪明都用在做坏事上了。上次他害得金丝猴农场差点破产，虽然大家都知道是他做了坏事，却找不到证据。这次也一样，修竹君几乎可以确定金无敌退还给大家的钱是假币，可当假币在市场上流通而无法被识别，就跟真币没什么区别了。

更可怕的是，假如金无敌已经掌握了足以乱真的造假技术，就像京宝说的那样，在他家里有一台印钞机，那么他会甘于只是还钱这么简单吗？贪欲是没有尽头的，他一定会不停地造假币。

“咱们得阻止假币继续流通，否则后果不堪设想！金无敌是个贪得无厌的家伙，他一定会不停地印钱，市场会陷入混乱，整个森林的经济迟早会被他搞垮！”

虽然 357 他们还没有想明白金无敌不停地造假币与经济被搞垮之间的联系，但从猴顶天凝重的表情中，他们看出了事态的紧迫。

修竹君和猴顶天、357 和他的两个伙伴，都相互信任，认定对方是绝顶聪明的，因此他们并不慌乱，决心查清真相，解决问题，与金无敌一决高下。

357 提醒道：“现在一切都是猜测，万一我们猜错了方向，那就是白忙一场。所以第一步，我们必须确认金无敌的印钞机是否真的存在。”

确实，虽然“金无敌制造假币”这个猜测听上去十分合理，但必须要先证实这一点才能思考对策。

可是在金无敌的半山别墅，地面有群狼守护，天上有老鹰玉爪看守，简直密不透风，谁有这个本事能溜进去，探查一下究竟是什么状况。

修竹君突然一拍脑袋说道：“我有办法！”他从办公桌上翻出一沓订单，仔细查看后抽出一张递给猴顶天说，“瞧瞧，咱们的新品种猕猴桃上市后，最大的客户是谁。”

猴顶天读着订单上的地址，突然叫道：“金无敌！”

没错，茅茅苦心培育五年的新品种猕猴桃上市以后，受到森林居民的热烈欢迎，但金无敌的订单更令人惊讶——新品种猕猴桃几乎一半的销量都来自从前根本不吃猕猴桃的金无敌。果园里每日新采摘的猕猴桃，头两箱就是送到金无敌的半山别墅的。

“我明白你的意思了！”扎克说，“你是说，趁着送货的机会溜进去。

太棒了！”

猴顶天却摇摇头：“我听负责送货的岁福说，他只能把货放在门口，狼保镖接手后他就折返，所以……”

修竹君虽未说话，但明显因为失望叹了口气。

“嘿嘿！”京宝突然狡黠地一笑，伸手将尾巴拉到胸前，然后头一低，身子一卷，把自己团成一团：“怎么样，你们对这颗超大号‘新品种猕猴桃’还满意吗？”

大家立刻明白了，京宝的意思是他可以假装成一颗猕猴桃，混进大别墅！

“我们也行！”357 和扎克也立刻学京宝的样子把自己团起来，只是他们的颜色和质地看起来怪怪的，357 像是长毛的鸡蛋，扎克怎么看都像仙人球。

“咱们只是要确认印钞机是否存在，所以有我这一双眼睛就足够了。我有功夫，等确认后我会立刻回来报信儿，你们放心！”京宝明白伙伴们想和他一起行动，可以相互照应。

猴顶天和修竹君并不想让他们的客人以身犯险，他们太了解金无敌的脾气和秉性了。可没等他们开口阻止，京宝就坚定地说：“相信我，我会小心的。”

这场“暗访”就按照京宝的计划展开了。第二天清晨，茅茅将刚刚采摘的两大箱新鲜猕猴桃交给岁福，准备送货到山上。

“稍微藏深一些，他们会开箱检查。”岁福提醒道，“靠边缘一些。”

茅茅特意在箱子边缘开了几个圆形小洞，一方面给京宝透气，另一方面方便他向外观察情况，如果有危险，也好尽快逃生。

京宝在箱子里向下拱了拱，压在身上的猕猴桃还挺沉。他从箱子的小洞中看见大家的身影越来越小，还在不停地挥手……

一切都比预想的要顺利。

京宝感到箱子被抬来抬去，好不容易安定下来，他刚想钻出来，居然有

一位狼保镖踮着脚返回，用爪子在箱子里翻来翻去。他的利爪几次擦到京宝的背，吓得他气也不敢喘！京宝感到时间过得极慢，不知过了多久，门外传来声音，狼保镖的爪子“嗖”地抽走。京宝这才明白，他只是想偷两个猕猴桃，而外面那位是在放哨。

原来金无敌订购猕猴桃并不是要与保镖们分享，可据猴顶天说，金无敌自己并不喜欢吃猕猴桃，难道……

确认安全后，京宝从猕猴桃箱子里钻出来。他毫不费力地跳上房梁，把

整个房子查了一遍，并没有发现任何可疑之处，甚至没有发现金无敌，只有几位狼保镖偶尔巡视。那么金无敌故弄玄虚，搞出“戒备森严”的架势来做什么？京宝正在疑惑，突然感到地下传来一阵类似机器启动的声音——原来别墅里还有地下室。循着声音，京宝进入地下室。果然，这里才是金无敌戒备的原因，光是铁门就有好几道。幸好京宝的体形小巧灵活，他瞅准时机，偷偷跟在狼保镖们身后，成功溜了进去。

什么是流动性？

在讨论“金氏骗局”时，修竹君有一个重要依据：金无敌虽然有大量资产，但流动性很差，所以很难短时间内凑齐大量现金。这个“流动性”是什么意思呢？

简单来说，流动性就是指资产在短时间内以合理价格变成现金的能力。举个例子，股票可以在需要现金时很快在市场上卖掉，变回现金，所以股票的流动性非常强；反之，你家有一件元代青花瓷，虽然价值连城，可是想把它卖掉立刻变成现金，恐怕没那么容易。所以古董等艺术品的流动性不强。其他常见的资产，如房产，是否容易卖掉换钱要看市场环境如何。因此它的流动性高于古董，但低于股票。当然，流动性最高的资产非现金莫属。

流动性有什么用?

在制订投资计划时，流动性这个概念非常有用，它关系到投资方式的选择，以及需要现金时能否快速变现而不遭受较大的损失。

在选择投资品种的时候，除了风险、收益，也应该考虑流动性。比如你有一笔闲钱要购买银行理财，虽然期限越长收益越高，但是最好不要把所有的钱都购买长期理财产品，至少应当有一部分是一个月、三个月或半年这类短期产品，并留一部分现金以备不时之需。

再比如，你的家庭资产中有房产、汽车、股票和银行存款等几类，当急需用到大量现金时，你认为爸爸妈妈会怎样做？他们会第一时间想着卖掉房子吗？当然不！他们一定会从流动性高的资产开始：首先，银行存款立刻可以提取；其次，股票在一两日之内，准能卖掉；如果这样还不够，才会考虑卖掉流动性较差的资产，比如卖车、卖房。（我们希望这样的事千万别发生！）通过考虑流动性，我们可以合理安排资产，避免遭受损失。

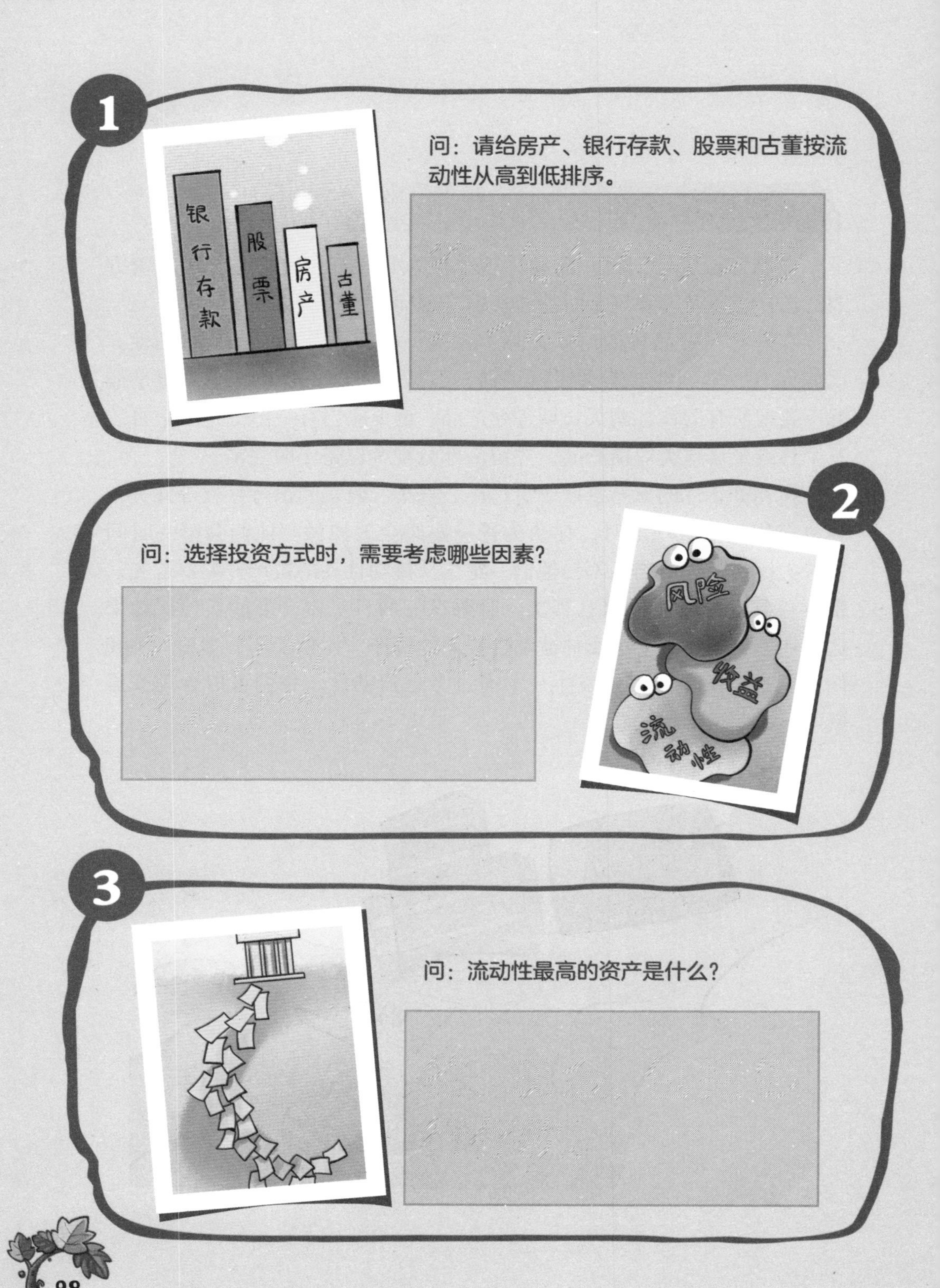
1
银行存款
股票
房产
古董
问：请给房产、银行存款、股票和古董按流动性从高到低排序。
2
问：选择投资方式时，需要考虑哪些因素？
风险
收益
流动性
3
问：流动性最高的资产是什么？

天哪，金无敌半山别墅的地下室里居然藏着一个“地下工厂”！巨大的空间里摆着好几台大型机器，发出“唰唰”的声音。超大号的纸张从机器的滚轮下被送出来，随即又一沓沓地被送入另一台机器。“咔嚓”一声，成沓的纸被切碎了，变成了较小的纸。金无敌就站在那台裁纸机器旁边，他抽出一张，迎着灯光检查，随后发出令人毛骨悚然的笑声。

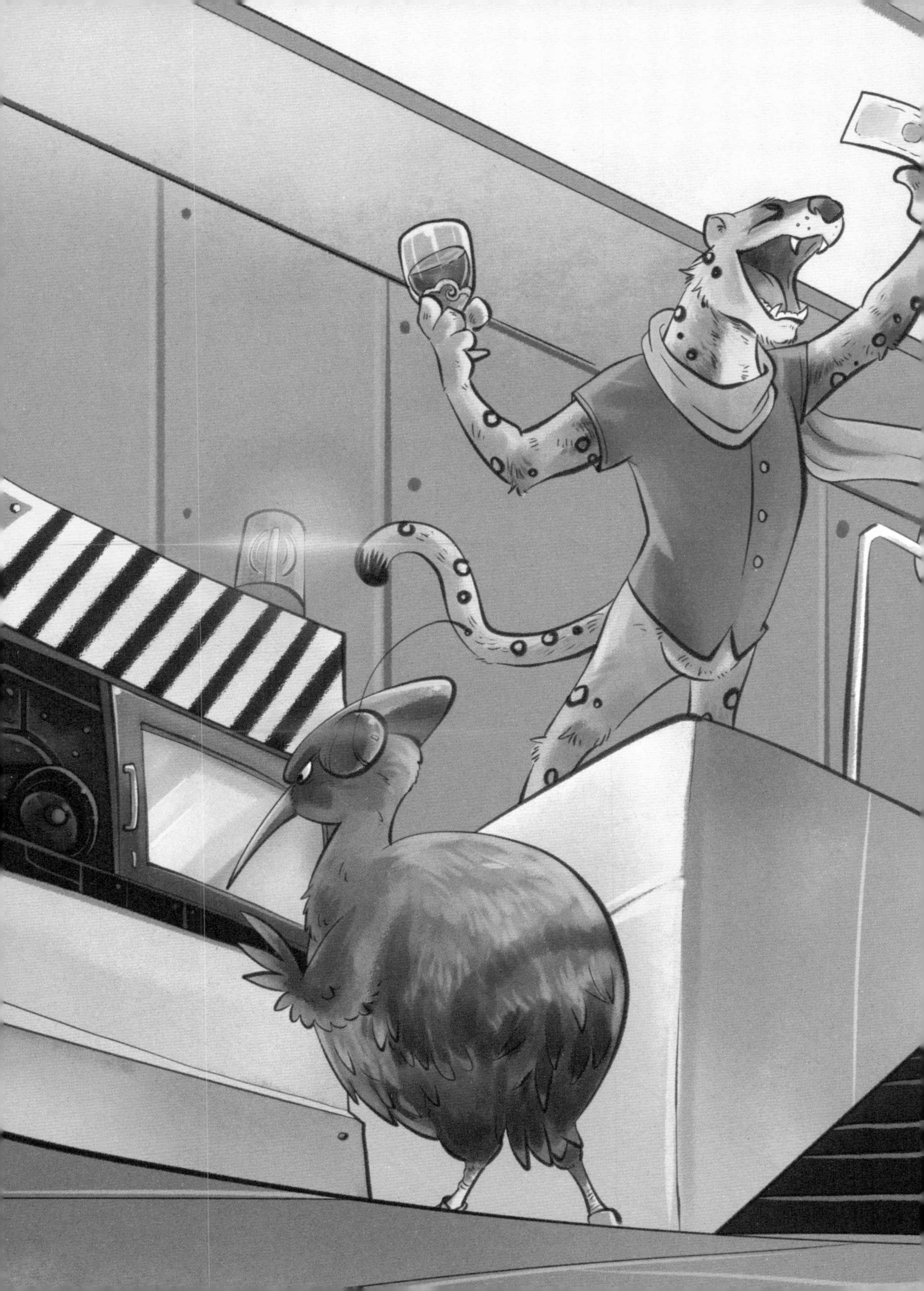

京宝看得一清二楚，那就是山海森林的纸币！他的玩笑话居然是真的——金无敌果然有印钞机！

可这台印钞机是从哪儿弄来的？

京宝这才注意到，在印钞机旁边忙碌的并不是金无敌的那些保镖，也不是他见过的山海森林居民，而是一种奇怪的生物——他们长着怪异的长嘴巴、圆滚滚的巧克力色身材和一对细长的脚。说他们是鸟吧，却不见翅膀，真是怪异极了！

"哐啷"一声，铁门开了，几名狼保镖带着切好的猕猴桃走进来。京宝发现工厂里也站满了狼保镖，说不定自己一个疏忽就会被发现。他缓缓地深呼吸，让自己冷静下来，趴在房梁上继续观察。

那些怪异鸟看见狼保镖带来猕猴桃，一个个放下手里的工作围上来大快朵颐。

京宝心想："这些家伙倒比我长得更像猕猴桃哩！"

"大家随便吃！管够！"

这是金无敌在说话，他倒表现出难得的慷慨。也难怪，这些怪异的家伙给他印的可是钱呀！

"印完这一批我们就走了。"领头的怪异鸟对金无敌说，"我们的任务完成了，你答应的条件还差一项没完成呢！"

"我金无敌说到做到，今晚就行动。"金无敌一脸坏笑。

领头鸟叹了口气："我不明白，你已经有这么多钱了，为什么不能正正

当当地买，偏要……”

金无敌对领头鸟比了个“停”的手势：“你们岛上倒是有黑科技，哪里的钱都能印，可你们想要的东西都买到了吗？有些东西是钱买不到的！”

金无敌居然会说这种话，房梁上的京宝大吃一惊。

“都说猴子聪明，哼，我们这里的猴子却全是榆木脑袋！你跟他们谈生意，他们却要谈正义。不用去我就知道猴顶天一定会说：‘猕猴桃是我们山海森林的“珍宝”，怎么能随便卖到别的地方去？’哼！”金无敌在学猴顶天说话，语气中带着一丝不屑，“你们不会育种，种树总可以了吧？回去插在土里，准能结果。不过，我只答应给你们弄 20 棵猕猴桃树，回去种不种得出果子，我可就不负责了！”

怪异鸟说：“那是自然。南北半球毕竟不同，岛上气候也不一样，若是种不出来，我也不会回来找你的麻烦。”

京宝心想，怪异鸟倒是个讲道理的家伙。不对！从他们对话中，京宝大概了解到怪异鸟是从南半球的某个神秘小岛来的。他们以拥有制造各类假币的黑科技闻名，所以金无敌不远万里把他们找来，解决自己的麻烦。而怪异鸟开出的条件居然是要 20 棵猕猴桃树！但是看样子，金无敌并未打算用钱来买树——即便他不缺钱。不用钱来买，却保证拿到，那不就只能……偷或抢吗？！

“无论如何，得快点回去告诉顶天姐姐！”

京宝小心地避开所有警戒，离开金无敌的住所。到了别墅后院，京宝还

发现了一架巨大的巧克力色飞行器。他这才想起来，原来数月前他们在果园上方看到飞行器并不是幻象，而是真的！金无敌早就知道自己无钱兑付到期的理财产品，故而早早地搬来救兵。后来他们遇见同是巧克力色的岁福，居然就把飞行器的事情忘了。岁福已经说了他并不是从天上掉下来的，哎呀……京宝懊恼自己的粗心。看来，真正从天上掉下来的，是这些怪异鸟和他们的印钞机！

为了召唤怪异鸟来印假币，金无敌到底答应了哪些条件，京宝不敢想。他唯一能确定的是其中一个条件是 20 棵猕猴桃树。其实京宝并不明白几棵树能有多么重要——森林里最不缺的就是树，可是他知道，既然金无敌预料到顶天姐姐不会答应，那就一定有问题，必须马上把这个消息告诉顶天姐姐！

“京宝，快！再快些！”京宝在心里为自己加油，飞也似的在树梢间穿行，好几次险些从树上掉下来。他要尽快赶回猕猴公司报信儿，早一刻知道，就能早一刻做准备。

入夜后的果园静悄悄的，为了保护果树，大家都在果园里埋伏起来。

京宝蹲在果树上，发现远处点点寒光像鬼火似的从山上飘下——狼来了！

大家屏气凝神，静静地等“鬼火”全部进入果园。

“……19，20。”357 在心里默数。金无敌答应给怪异鸟 20 棵猕猴桃树，就派了 20 位狼保镖来，一匹狼扛走一棵树——他倒是挺有信心的。也难怪，这些狼是狼保镖中的精锐部队，居民们就算有准备，恐怕也难以招架。

突然，果园硕大的夜灯亮了起来，同时还响起了警报。

只见茅茅领着岁福，挡在了狼群前面。

领头的狼招财看见是茅茅，反而笑起来：“哟，小竹鼠，咱们又见面了。”茅茅毕竟与金无敌打过交道，和狼招财也算是旧相识。

“大半夜的，来果园搞什么鬼？金老板不会又派了什么撒杀虫剂的任务给你们吧？”茅茅故作不知，并转身说，“岁福，你不是要向狼挑战吗？机

会来了！能否成为战驴，就在此一举！上，跟我们一起保卫果园吧！”

岁福自从见过狼招财，便决定要与之一战！他利用送货的机会，观察狼的行为和举动，并在脑中无数次地模拟与狼招财对决的情景。机会终于来了，他定了定神，鼓起勇气向狼群冲去。只见他低着头，双目紧盯着狼招财，撒开蹄子扑上去。狼招财显然没见过这架势，世界上居然有驴敢向狼挑战？真是闻所未闻！也许是因为震惊，狼招财居然愣在原地，眼睁睁地看着岁福华丽转身，两条强健的后腿迎面而来……

“啊——”

岁福居然把狼招财给踢飞了！灰白的狼身在夜空划出一道优美的抛物

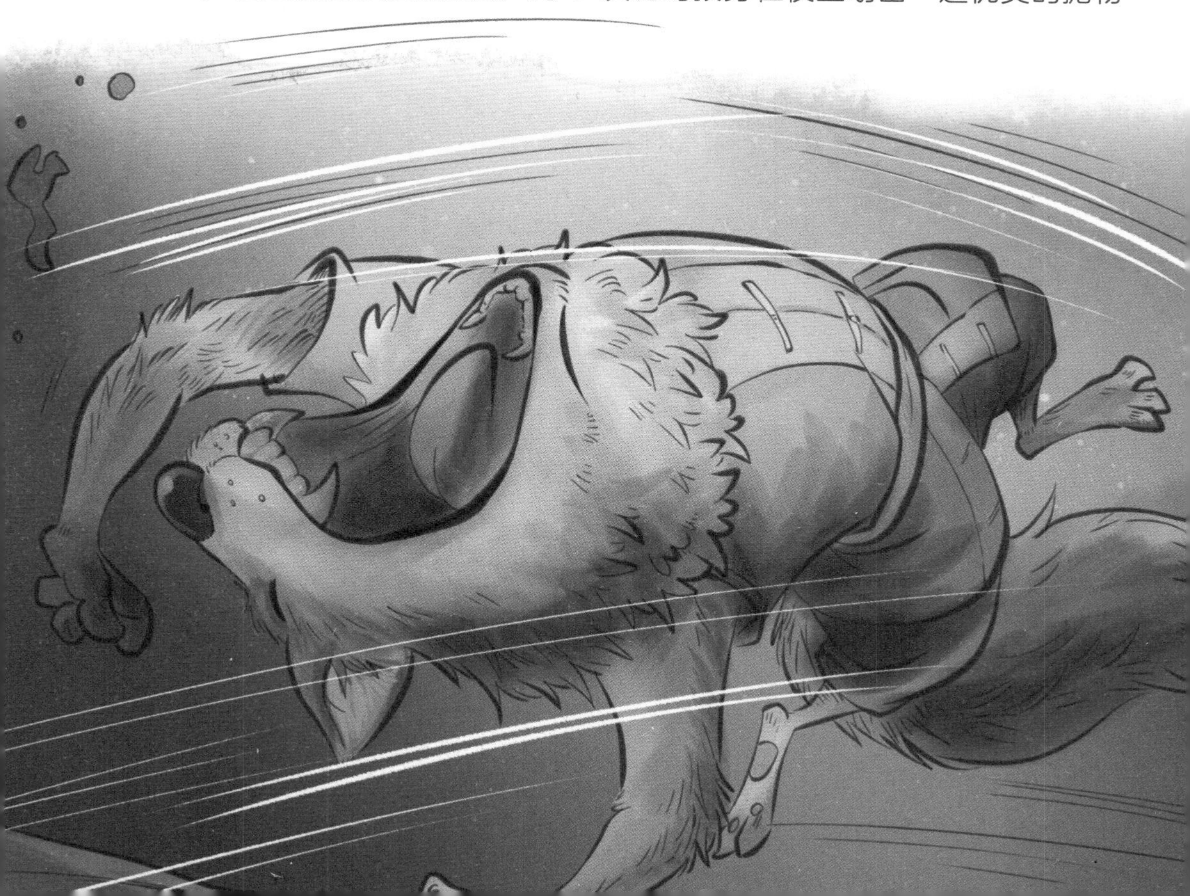

线，在高处掌灯的猕猴下意识地用灯光追踪，这令人惊叹的一幕将永远留在大家的脑海中。

“战驴！从现在起，我是一名战驴了！”岁福激动地大吼，“来呀！下一个是谁！”

擒贼先擒王。看见狼招财被驴踢飞了，狼群的气势一下子弱了半截，竟没有一只狼敢出来应战。

埋伏在果园里的猕猴们见状，趁机跳出来，兴奋地大叫着：“保卫果园！”

狼招财好不容易才从震惊和疼痛中清醒过来，明白消息已经泄露，果园里有埋伏。但狼招财并不笨，面对早有准备的猕猴们和不知从哪里冒出来的驴，他知道强攻不是办法，于是心生一计……

如何防止假币出现？

今天的纸币上有许多高科技防伪技术，伪造假币越来越难，但市场上依然有假币存在。在我们日常生活中常见的验钞机、银行ATM机等，主要通过检验钱币大小、薄厚、透光率、油墨磁性等方式来辨别钱币的真伪，这些检验并不能保证100%准确，假币有时仍会混入其中。

不过，随着防伪技术的发展，造出足以乱真的假币会越来越难。信用卡、电子支付和数字货币的普及，将在一定程度上减少实物假币。不过电子支付和数字货币同样会面临造假问题，这在各个领域都是一个令人头疼的问题。各个国家对假币都在加强防范。

假币的危害

金无敌印出的钱币虽然骗过了验钞机，但足以乱真的假币依然是假币！那么猴顶天为什么说假币会造成市场混乱？

想一想，假如生活中假币十分常见，那会怎么样？可以肯定的是，不幸收到假币的人会蒙受损失。也会有一部分人想方设法把假币混充真币再花出去，把损失转嫁给别人。长此以往，人与人之间会失去信任，市场上的纠纷也会越来越多，越来越混乱。

所以，假币不仅会伤害无辜百姓的利益，造成市场的混乱和低效率，还会影响国家的信誉。可以说，假币的危害是极大的，在我国，制造、持有和使用假币都属于违法行为。假如你不幸收到假币，一定不要继续使用，请尽快交给银行或者警察叔叔！

1

问：通过了验钞机检验的纸币，肯定不是假币，对吗？

2

问："收到假币真倒霉，得赶紧想办法花出去！"这种想法对吗？

3

问：假币有什么危害？

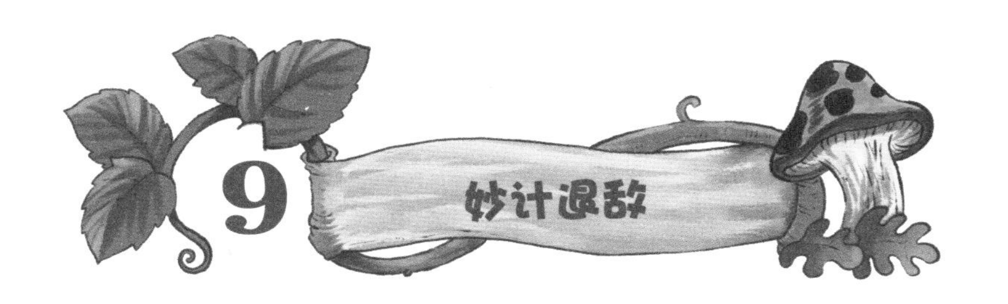

9 妙计退敌

“误会，误会！”狼招财爬起来，一瘸一拐地走回来向猕猴们示好。他让狼群后退，伸手招呼茅茅上前说话。

狼招财搂着茅茅，笑嘻嘻地说：“这一定是误会！我们不是来搞破坏的，只是想来讨几棵猕猴桃树。”

茅茅歪着头道：“要果树干吗？每天两大箱猕猴桃送进去，还不够吃？”

“哎呀，你培育的新品种，我们老板可喜欢啦！他想弄些种在自己的院子里……观赏，对，观赏。”

“猕猴桃树有什么好观赏的？金老板的地盘有那么多珙桐，还不够看吗？”

“唉，老板一时兴起，我一个打工仔有什么办法！对了……听说你想买房子，你给我 20 棵树，我去跟老板说说，给你优惠呀！”狼招财开始和茅茅讨价还价。

“真的？”茅茅似乎心动了，“你说话算数吗？”

狼招财的眼睛亮了：“当然！想想看，咱不过就是打工仔，你大半夜还

守在这里，辛苦了这么多年，却穷得连房子都买不起，甘心吗？果树又不是你的，我跟老板一说，给你打个折，却是实实在在的利益呀！”

茅茅陷入了思考。过了一会儿，他走过来对埋伏在果园里的猕猴们说：“一场误会！他们不是搞破坏的，只是来取明天的果子，大家散了吧！没事了！”

猕猴们半信半疑，一边抱怨，一边一步三回头地离开了。毕竟在果园里，茅茅还是有威信的。

狼招财见状，喜上眉梢。没想到，一点小恩小惠就把茅茅搞定了，避免了一场恶战。早知如此，也不用挨那一记驴蹄子了！

你确定金老板
只是要树去观赏？
那还能做什么？
就是看看。
你确定能
给我打折？
包在我身上！
这可是一个艰难的决定！
不过我可不是为了那点折扣，
毕竟咱们算旧相识……
那是自
然！森林里
谁不知道，
茅茅最是有
情有义！

育苗区
看在你的面子上，我给你挑20棵健壮的小树苗。

别！还是挑已经长出果子的吧！这样我比较好交差……哦不！我是说……好看，对，好看！

也好，长出果子的树更“好看”。

天边已有些泛白了。茅茅认真为狼招财选定了 20 棵猕猴桃树，每一棵都生机勃勃，硕果累累，散发着迷人的香气，就算是外行也能看出，这是最好的果树。狼招财满意极了！他带着狼群连拱带铲，一会儿工夫就扛着树离开了。

这时，藏在树上的 357、京宝和扎克才走到茅茅身边，猴顶天和修竹君也现身了。

“就这样把他们打发了？”猴顶天问，“我还以为没那么好对付！”

“茅茅你可真够冷静的！刚才可吓死我了，要是真打起来，别说大家免

不了受伤，果树也会遭殃！”修竹君摸着自己怦怦跳的心脏。

“我只是‘演员’，咱们的幕后‘导演’才是最厉害的！”茅茅笑着看357，“要不是他提议用计，恐怕咱们拼死一战，还得赔上果园！”

京宝和扎克得意地搂着357，比自己被夸奖还要高兴。

原来，京宝暗访金无敌家，不仅确认了印钞机的确存在，还发现了乘巧克力色飞行器而来的一群怪异鸟。他们受金无敌之邀而来，用神秘黑科技帮金无敌印制假币，度过了“金氏骗局”引发的危机。而怪异鸟在山海森林逗留期间，显然爱上了这儿的特产猕猴桃。从来不吃猕猴桃的金无敌之所以突

然大量订购猕猴桃，其实就是供怪异鸟们食用。作为印制假币的交换，怪异鸟提出了很多条件，具体是什么不得而知，但其中一条就是要 20 棵上好的猕猴桃树，以便他们回到怪异岛之后大规模种植。按照金无敌对猴顶天的了解，她是绝对不会把山海森林的“珍宝”拱手相让的，所以只能派狼保镖们去巧取豪夺。

幸好这一切被京宝发现了，他回到猕猴公司后，讲清事情的来龙去脉，让猴顶天准备应战。可是果园那么大，简直防不胜防。而且就算猕猴家族全体出动，恐怕也不是狼群的对手。何况在果园里硬碰硬，果树必然遭殃，搞不好会玉石俱焚，伤了自己，也保不住果树。向森林警察求助恐怕也难，无凭无据的，警察会来帮忙吗？堂堂森林首富，大半夜要来偷果树？警察才不

会信呢。

一筹莫展之际，还是 357 想到了对策。

“敌强我弱，须用巧计。”357 一边掰手指一边念叨，“瞒天过海、围魏救赵……”

猴顶天好奇地问：“你在说什么？”

“‘三十六计’，是猴蹿天教我的！他说这是人类总结的一些谋略，用来克敌制胜，用巧而不用强，有时能产生四两拨千斤的效果。我在一条一条地想，看看有没有能用上的。”

357 记得猴蹿天说过，“三十六计”的关键并不在计谋本身，而是必须基于对实际情况的深度考察，制定相应的策略。说白了，也就是要靠知识及信息的积累和分析，而不是小聪明。

“有办法了！”听完 357 的介绍，茅茅计上心头，“咱们就用‘欲擒故纵’和‘偷梁换柱’这两计！”

原来，岁福那一记“回旋踢”和猕猴们的振臂高呼都是为了迷惑狼群，让狼招财相信是他的小恩小惠打动了茅茅，自愿将好果树奉上。恐怕此刻，他正向金无敌邀功呢！这便是“欲擒故纵”。

那“偷梁换柱”呢？这就是果树专家茅茅的真本事了！茅茅“精心挑选”的 20 棵猕猴桃树全部是雌树！

怎么，树也分雌雄？

当然！树有三大类：雌雄同株、雌雄异株和杂性同株。而猕猴桃树，恰

好就是“雌雄异株”，也就是说，猕猴桃树有雌树和雄树之分。这是茅茅花了很长时间观察和研究发现的，是果园能够大面积种植并培育新品种的关键。茅茅“拱手奉上”的 20 棵猕猴桃树全部都是雌树，雌树虽然硕果累累、香气四溢，会在怪异岛上存活下来，可是任凭他们拥有多么强大的黑科技，多么优越的气候条件，这些树都无法繁殖，也不可能再次结果。

茅茅的这一计真是用得太妙了，不仅保证了果园和大家的安全，又彻底打发了金无敌和怪异鸟。他们会高高兴兴地带着长满果子的猕猴桃树回家，开开心心地把果树移植到怪异岛上去，但从此以后，那些优质的果树再也结不出猕猴桃了。其中的奥秘，他们恐怕永远也想不明白。

什么叫通货膨胀？

通货膨胀简称“通胀”，是指一个国家发生普遍而持续的物价上涨，并由此造成货币贬值的经济现象。简单来说就是钱不值钱了。

你可以把通货理解为货币，而膨胀是指货币流通数量增加。当市场上流通的货币数量不断增加，即供过于求时，货币也会如一般商品一样贬值。

货币为什么会贬值？比如，平时你可以用 100 元买 10 斤水果，而现在随着物价飞涨，水果的价格翻了一倍，这 100 元就只能买到 5 斤水果了。也就是说，物价上涨使货币的购买力下降了，实际上也就等于货币贬值了。

物价上涨就等于通货膨胀吗？

普通的物价上涨与通货膨胀是有区别的。

比如夏天很便宜的西瓜，到了冬天就变得非常昂贵。这是由于冬天种植西瓜的成本非常高，供给也相对较少，属于合理的涨价。无论冬天的西瓜多么贵，到了夏天西瓜丰收时，价格都会恢复到原来的水平。这就是普通的物价上涨，它是临时的、局部的、限于特定产品的，并且不会造成货币贬值。

而通货膨胀是普遍的、长期的、持续的，即所有商品和服务都在涨价，人们手中的钱无论到哪里花，都不像原来一样值钱了，会感觉“钱不经用”了。一般情况下，通货膨胀是不会逆转的，除少数商品（如汽油）外，因通货膨胀而造成的价格上涨是不会回落的。选择几样你熟悉的商品（比如冰棒），问一问父母，再问一问爷爷奶奶，他们小时候这些东西分别是多少钱。与现在的价格比较一下。这中间的差距就是通货膨胀造成的。

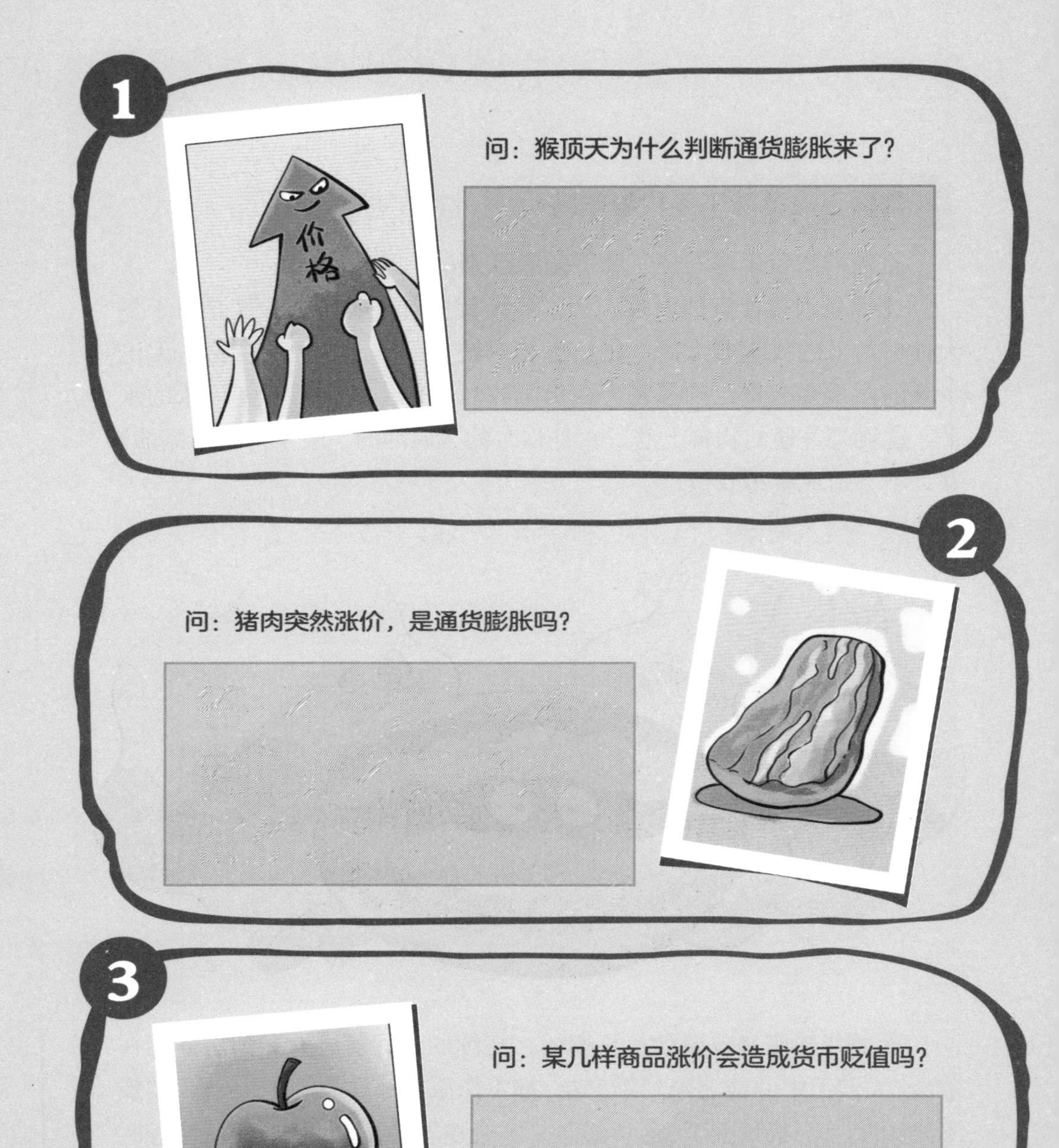

1

问：猴顶天为什么判断通货膨胀来了？

2

问：猪肉突然涨价，是通货膨胀吗？

3

问：某几样商品涨价会造成货币贬值吗？

10 各自出发

过了几天，森林里有传言，说森林里出现巧克力色不明飞行物。它曾在湖边短暂停留，然后飞走了。

由于并没引起什么麻烦，传言很快被大家遗忘了。只有猴顶天和她的伙伴们知道，那是怪异鸟的飞行器飞回怪异岛了。怪异鸟们悄无声息地来，间接引发了一场通货膨胀，还差点儿带走了山海森林的“珍宝”猕猴桃树。

猴顶天在心里默念，“希望他们再也别回来了。”

令她难过的是，随着怪异鸟的离去，金无敌的地下假币工厂也将不着痕迹地消失。想要找到证据将金无敌绳之以法，还真是个难题。

假币引发的通货膨胀还没过去，可是猴顶天觉得大家需要放松一下紧绷的神经，于是选择了一个晴天，组织了一场野餐。

森林的清晨总是幽静的，即使是山海森林这样繁华的地方。

树叶宽阔而浓密，渐渐强烈的阳光经过叶片层层过滤，在树下的空间投射出斑斑点点的亮光。行走在密林深处，仿佛穿行于绿色的梦境，只有鸟鸣和那悠长的回声，提醒他们正处在深山之中。越往高处走，空气就越发清冽，这令他们感到身心舒畅。

随着山势起伏，他们走入群山中一片幽深的山谷，在薄雾的点缀下，山谷中的草甸仿佛绿色的海洋。

“看！”猴顶天突然说。

大家停步，抬头，被眼前的美景惊呆了。

山谷中出现一片一望无际的珙桐树林。珙桐花怒放着，碧绿中点缀着雪白，如同静谧的湖水泛起粼粼波光。这是仲夏最后的绚烂！

清晨早起，长途跋涉，一切都值得，真是不虚此行！

大家都没有说话，只是静静地欣赏。美丽的珙桐花、树荫下交织的光影、叶片摩擦的沙沙声，连同空气中独特的味道，都将永远印在他们的脑海中，成为珍贵的回忆。

修竹君展开一路背着的竹席，大家在树下休息，赏花。

猴顶天的背包里全是食物，有新采摘的猕猴桃、果汁、果干、各种花样的水果蛋糕。

“你们一定还有疑惑吧？”猴顶天先开口，“顶天姐姐有点小气啊！为什么不肯把猕猴桃树跟怪异鸟们分享？只是几棵树啊，别的地方种一种又有什么关系？好东西就是应该分享！对不对？”猴顶天学起357、京宝和扎克的语气竟惟妙惟肖，“是不是被我说中了？”

京宝连忙摇头：“不不，我不是这样想的。怪异鸟做坏事，想必怪异岛也不是什么好地方。好东西就不该给坏家伙！”

357和扎克点头附和：“猕猴桃是山海森林的‘珍宝’，就是不能让坏家伙拿去！”

“你们说得对，也不对！”修竹君开口，“猕猴桃虽说是我们精心培育的，可它是属于整个山海森林的。再往大一点说，也是属于你们冰雪森林的，是我们这片土地的‘珍宝’。”

357他们似懂非懂地点点头。

茅茅问：“这样说吧，大家都是森林居民，森林最怕什么？”

“最怕……出现不曾见过的物种。”357回答。这是他的亲身体验，当初他来到冰雪森林时，大家都害怕极了，生怕他是什么来源不明的“有害物种”。所以不管是谁从其他地方来到冰雪森林，第一件事就是到森林事务所报备，进行身份审查。不仅是森林的居民，每当森林里出现不明来源的植物，

大家也十分警惕，必须彻底铲除，否则可能威胁本地植物的生存，甚至造成大的生态破坏。森林里称这类现象为“物种入侵”，是非常危险的。

“没错！森林居民都知道物种入侵是极危险的，但很少意识到遗传资源流失也是很可怕的，会从另一个角度危害我们的经济利益。”茅茅难过起来，“植物种子是一种珍贵的资源，上面记载着物种的遗传信息，是未来研究成果的基础，是属于森林居民的宝贵资源，绝不能让外来的家伙盗了去！”

“金无敌这样为了个人私利，啥都不管不顾的家伙，真是可恶极了！不

知道他答应的交换条件中还有什么是我们不知道的……”修竹君忧心忡忡。

“说点儿让你开心的。”茅茅给修竹君打气道，“我听说金无敌涉嫌偷税漏税和非法销售理财产品，已经被调查了。看样子，他得在监狱里慢慢反省啦！”

这就叫天网恢恢，疏而不漏！

大家刚开心起来，茅茅又宣布了一个令人难过的消息：“老大……我要走了。”

“你去哪里？”猴顶天和修竹君异口同声地问。

“果园已经改造完成，进入正轨。我也终于帮奶奶实现了住进高层住宅的

愿望，她可以每天在窗前望着远方！现在，我该去实现自己的理想了！我要去更远的山林、高原、沙漠，我要去寻找那些还不为人知的植物，去收集那些珍贵的种子。我要让大家更多地关注自己的土地，珍惜这里的一草一木！”

“我们支持你的决定，猕猴公司永远等你回来！”猴顶天虽然舍不得茅茅，却不愿阻拦他的脚步。茅茅，她的好朋友，在猕猴公司最艰难的时刻与她并肩作战，把荒废的果园变得生机勃勃。他犯过错，他不完美，可他永远有一股强大的生命力，一边履行自己的责任，一边坚持自己的理想。猴顶天为这样的茅茅骄傲。

“所以，金无敌的审判结果要拜托各位写信告诉我了！”茅茅抱拳行礼。

修竹君一脸不高兴："这不用你操心，我不会放过他！我是担心……高原、沙漠……你……你弱不禁风的，遇到困难可别哭呀！"

"熊猫又摆臭脸了！"茅茅心想。不过他知道，修竹君是面冷心热，他是在担心自己遇到危险，于是故作轻松地笑道："不怕，岁福会陪我去。"

修竹君撇撇嘴："岁福？他能顶什么用？还自称战驴，难道草原上的狼也会像狼招财一样，呆呆地站着让他踢吗？"

"他可不是普通的驴！"茅茅笑道，"我早就发现了，他能用蹄子在果园里打出井来，能踢飞狼招财，还喜欢和汽车赛跑……他是流落在村子里的藏野驴！他没有说谎，他脑海中是真正的记忆，不是梦境。他年幼时的确奔跑在离蓝天白云更近的'天国'——西南高原！他会陪我一起回到他出生的地方去，说不定在那里，他还能找到他真正的母亲，回归他的家族！"

说到这里，大家已经没有挽留茅茅的理由了。

"世间那些神秘植物啊，它只在无人的高原上静静地生长。无论路途多么遥远，我也要找到你，让世界认识你，知道你属于我们这片土地！"

茅茅带着这样的愿望，与岁福一同出发了。

357 和他的两个小伙伴也准备回冰雪森林了。在山海森林的这段日子，他们学到了知识，结交了好友，丰富了阅历……或许，这就是旅行的意义吧！

也许在未来的某一天，他们会重聚在山海森林，分享彼此生活里的点点滴滴。也许他们会带着新的理想，一路走下去，像广阔宇宙中的璀璨星辰，既独自闪耀，又相互照亮，在短暂的交会后，继续各自的轨迹……

通货膨胀的原因是什么？

故事中山海森林的通货膨胀是如何发生的呢？金无敌的高收益理财产品给大家一种错觉，那就是他们将会源源不断地赚钱。这种情况改变了森林居民的消费习惯，他们不仅不再存钱，还把存款取出来疯狂消费。这样一来，在山海森林这个小小的市场上，需求瞬间大量增加，可是供给跟不上，再加上短时间内山海森林的流通货币突然大量增加，于是就引发了通货膨胀。

大家手里的钱多了，自然就会想消费，这就会造成对商品和服务的需求增加。需求增加是一件很容易的事。可是供给没那么容易跟上，因为采购原料、雇用更多工人，都需要时间，所以短期内会有供不应求的现象，物价当然会上涨。同时，工人也是要生活的。当他们发现物价上涨，工资不够花，就会要求提高工资。企业给工人增加工资，又会进一步提高生产成本，推高商品价格……你看，一来二去，所有东西的价格都在上涨，通货膨胀就这么来了。在现实中，引起通货膨胀的原因会比较复杂，但归根结底都是需求突然大量增加、超过供给能力，或者流通的货币大于货币实际需求导致的。

通货膨胀对我们有什么影响？

我们知道，通货膨胀是在一个国家里发生的普遍、持续、不可逆的物价上涨，会造成货币贬值。所以，只要你生活在这个国家里，通货膨胀就与你息息相关。

想象一下，父母的工资本来可以让你们一家过上富裕的日子，可

是如果发生严重的通货膨胀，物价翻倍，工资如今仅够填饱肚子。再比如，你一直有存钱的习惯，省吃俭用攒钱想买点东西，结果因为通货膨胀东西突然涨价，即使钱存够了也买不起了，是不是损失很大？可见，通货膨胀对我们普通人最直接的影响就是手中的钱没有以前值钱了。

一般来说，温和的通货膨胀有利于经济发展，现在的商品价格与爸爸妈妈、爷爷奶奶小时候已经大不相同，这种通货膨胀是伴随着我国经济发展而自然发生的正常现象。但是，严重的通货膨胀不仅影响普通人的生活，对经济来说也是有害的。在日常生活中，我们几乎不会观察到物价剧烈波动，或对货币贬值有深刻印象，这是因为我国政府会通过各种手段，调节市场上流通货币的数量，使之既不能多到引起严重的通货膨胀，也不能少到影响经济发展，以保证大家可以放心地储蓄、消费或投资。

1

问：通货膨胀一定是有害的吗？

2

问：有对经济有利的通货膨胀吗？

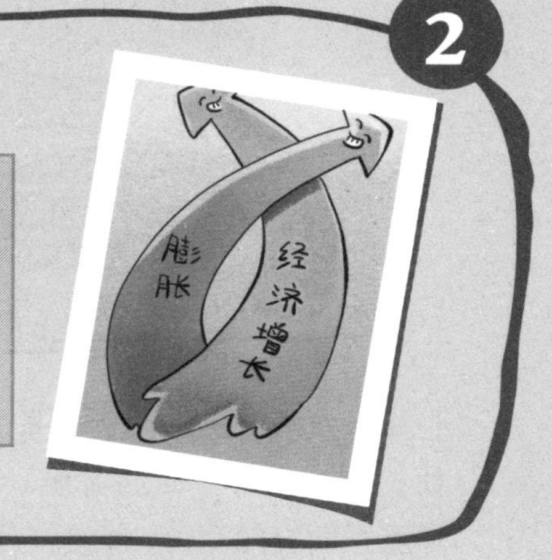

3

问：严重的通货膨胀有哪些危害？

研发部门

企业中以改进生产技术、产品和提升服务质量等为目标的部门。

沉没成本

已经付出但不可收回的资源、资金、精力等支出。

理　财

以保值、增值为目标，对财产进行管理。

理财产品

商业银行等正规金融机构设计和发售的金融产品。

风险与收益的基本关系

投资可能获得的收益越高，需要承担的风险也就越高。

年化收益率

投资满一年可能获得的收益率。

庞氏骗局

原指20世纪20年代美国发生的一起金融诈骗案，特点是以高收益骗取投资者入局，并用新投资者的本金支付前面投资者的利息。如今泛指与之手段相同的一类金融诈骗。

流动性

指资产在短时间内以合理价格变成现金的能力。

通货膨胀

简称“通胀”，是指一个国家发生普遍而持续的物价上涨，并由此造成货币贬值的经济现象。

认识和控制投资风险

我们知道，投资中的风险是指投资收益甚至本金遭受损失的可能性。如同人类喜欢快乐、厌恶痛苦一样，我们喜欢通过投资获得收益，但讨厌风险带来的损失。不过在投资中，风险与收益永远相伴而行，收益其实就是对你承担风险的补偿。可能获得的收益越高，你需要承担的风险就越大——这就是风险与收益的基本关系。

幸好，风险虽然无法避免，但我们有办法控制它。常见的方法如："不要把鸡蛋放在同一个篮子里"——预期可能有风险（篮子掉落，鸡蛋摔破）发生时，最好把鸡蛋放到不同的篮子里面，这样即使某个篮子不幸掉落（亏损），也不至于损失全部的鸡蛋。换句话说，如果不能避免风险，最好让它分散一些。比如投资股票的同时，也投资一些低风险理财，还保留一部分存款，就是分散风险的好方法。再进一

步说，在投资股票时，最好多选择一些，而不是只买一只股票，也可以在一定程度上分散风险，避免损失。

除了投资方面的应用，牢记风险与收益的基本关系，还可以帮你避免许多陷阱。比如，一百年前的老把戏——庞氏骗局如今还依然存在，无论骗子号称他们投资的产品是什么，都是高收益、低风险的，看上去像一块美味无害的蛋糕，诱人上钩。现在，你掌握了投资风险与收益之间的这条“铁律”，就知道“高收益”和“低风险”根本不可能同时存在！所以无论如何伪装，你都应当有能力识破它。

生活中极少有十全十美的事，比如良药苦口，祸福相依。正确地认识风险，聪明地控制它，你就可以与风险“和平共处”，利用它获得满意的收益。

图书在版编目(CIP)数据

森林市场大危机 / 龚思铭著；肖叶主编；郑洪杰,于春华绘. -- 北京：天天出版社, 2023.4

(你也能懂的经济学：儿童财商养成故事)

ISBN 978-7-5016-2005-0

Ⅰ.①森… Ⅱ.①龚… ②肖… ③郑… ④于… Ⅲ.①财务管理—儿童读物 Ⅳ.①TS976.15-49

中国国家版本馆CIP数据核字(2023)第031020号

责任编辑： 王晓锐　　**美术编辑：** 曲　蒙
责任印制： 康远超　张　璞

出版发行： 天天出版社有限责任公司
地址： 北京市东城区东中街 42 号　　**邮编：** 100027
市场部： 010-64169902　　**传真：** 010-64169902
网址： http://www.tiantianpublishing.com
邮箱： tiantiancbs@163.com

印刷： 天津市豪迈印务有限公司　　**经销：** 全国新华书店等
开本： 710 × 1000　1/16　　**印张：** 9.5
版次： 2023 年 4 月北京第 1 版　　**印次：** 2023 年 4 月第 1 次印刷
字数： 104 千字　　**印数：** 1-6,000 册

书号： 978-7-5016-2005-0　　**定价：** 42.00 元